普通高等教育"十三五"规划教材

电工与电子技术实验教程

桑 林　邳志刚　主编

化学工业出版社

·北京·

本书是根据高等学校工科基础课电工、电子技术等基础教材编写大纲的意见编写的，适用于电类专业的电路、模拟电子技术、数字电子技术与非电专业的电工学等相关课程的电工电子实验教学。本书从工程应用实际出发，教材的编写体现了理论与实践的紧密结合，每章增设的知识背景介绍，既加深了对理论的理解，又提高了运用理论的能力，很好地辅助了实验教学环节。

　　本书在实验内容上进行改革，把实验分成三个层次，即验证性实验、技术性实验和综合设计性实验，并增加了选做实验内容。本书涵盖了电工技术、模拟电子技术和数字电子技术的基本实验项目，内容新颖、全面，突出了综合性、实用性和先进性。

图书在版编目（CIP）数据

电工与电子技术实验教程/桑林，邱志刚主编. —北京：
化学工业出版社，2016.2（2023.3 重印）
普通高等教育"十三五"规划教材
ISBN 978-7-122-26278-3

Ⅰ．①电⋯　Ⅱ．①桑⋯②邱⋯　Ⅲ．①电工技术-实验-高
等学校-教材②电子技术-实验-高等学校-教材　Ⅳ．①TM-33
②TN-33

中国版本图书馆 CIP 数据核字（2016）第 027852 号

责任编辑：贾　彬　马　波　　　　　　　　　　　文字编辑：颜克俭
责任校对：王素芹　　　　　　　　　　　　　　　装帧设计：张　辉

出版发行：化学工业出版社（北京市东城区青年湖南街 13 号　邮政编码 100011）
印　　装：北京建宏印刷有限公司
787mm×1092mm　1/16　印张 11　字数 276 千字　2023 年 3 月北京第 1 版第 4 次印刷

购书咨询：010-64518888　　　　　　售后服务：010-64518899
网　　址：http://www.cip.com.cn
凡购买本书，如有缺损质量问题，本社销售中心负责调换。

定　　价：36.00 元

编写人员名单

主　　编　桑　林　邵志刚

副主编　师　楠　曲海成　王　锴

主　　审　付家才

编写人员　（按姓氏笔画排序）

王　锴　付　强　师　楠　曲海成

李　娜　李俊峰　邵志刚　桑　林

前言

　　本书是根据高等学校工科基础课电工、电子技术等基础教材编写大纲的意见,结合笔者多年教学、科研和生产实践经验及当前科学技术发展中的一些新知识、新技术所编写的。既可作为电类专业的电路、模拟电子技术、数字电子技术与非电专业的电工学等课程的实验指导书,也可作为独立的电工与电子技术实验课程的教材。

　　随着电工与电子技术的发展,电工与电子技术实验课的作用日益重要。为了使电工与电子技术实验课程更契合应用实际,我们增加相应原理的背景应用知识,并适当增加了实验原理部分的篇幅,使电工与电子技术理论基础比较薄弱的学生也能尽快掌握电工与电子技术实验的有关内容。同时,为了满足新形势下的基础理论扎实、实践能力强的人才培养目标,也为了满足学生自身对能力提高的要求,进一步提高实验课程的教学质量,强化学生的动手能力、分析问题和解决问题的能力,培养学生的创新思维,本书在实验内容上进行了改革,把实验分为三个层次,即验证性实验、技术性实验和综合设计性实验。其中验证性实验是让学生通过实验的方法再现实验原理,从而更深刻的理解课程内容;技术性实验是通过实验的方法让学生掌握电子设备的使用技术,提高学生的动手能力;综合设计性实验主要培养学生综合运用各种知识的能力和创新思维。

　　本书由桑林、邸志刚任主编,师楠、曲海成、王锴任副主编。其中实验一、二、六、九、十、三十一由哈尔滨学院王锴编写,实验三、十一、十四、十六、十七、十九由黑龙江科技大学桑林编写,实验四、五、十二、十三、十五、三十三由黑龙江科技大学师楠编写,实验十八、二十三、二十八、二十九、三十二由黑龙江科技大学邸志刚、辽宁工程技术大学曲海成编写,实验八、二十二、二十四、二十六由黑龙江科技大学桑林、付强编写,实验二十、二十五、三十由哈尔滨学院王锴、黑龙江科技大学李娜编写,实验七、二十一、二十七由黑龙江科技大学师楠、哈尔滨工业大学自控研究所李俊峰编写,全书由桑林统稿。

　　黑龙江科技大学省级教学名师付家才教授仔细审阅了全稿,提出了许多宝贵意见和建议,黑龙江科技大学省级实验教学示范中心主任、校教学名师徐文娟教授全程指导了编写工作,在此衷心感谢两位教授。同时,本书也是黑龙江省高等教育教学改革工程项目《基于示范中心内涵建设的基础实验教学改革的研究与实践》的部分研究成果。

　　由于笔者水平有限,书中不足之处在所难免,敬请广大读者批评指正。

编者

2015 年 10 月

目录

实验一　基尔霍夫定律与叠加原理的验证

一、背景知识

基尔霍夫定律是电路理论中最基本也是最重要的定律之一。它概括了电路中电流和电压所遵循的基本规律，包括基尔霍夫电流定律（KCL）和基尔霍夫电压定律（KVL）。它既可以用于对直流电路的分析，也可以用于对交流电路的分析，还可以用于对含有电子元件的非线性电路的分析。运用基尔霍夫定律进行电路分析时，仅与电路的连接方式有关，而与构成该电路的元器件具有什么样的性质无关，因此它是分析和计算较为复杂电路的基础。这个定律是由德国物理学家 G. R. 基尔霍夫（Gustav Robert Kirchhoff，1824～1887）于 1845 年提出的。

19 世纪 40 年代，由于电气技术发展十分迅速，电路变得越来越复杂。某些电路呈现出网络特性，并且网络中还存在一些由 3 条或 3 条以上支路形成的交点（节点）。这种复杂电路不是由串、并联电路的计算公式所能解决的，刚从德国哥尼斯堡大学毕业，年仅 21 岁的基尔霍夫在他的第一篇论文中提出了适用于这种网络状电路计算的定律，即著名的基尔霍夫定律。该定律能够迅速地求解任何复杂电路，从而成功地解决了这个阻碍电气技术发展的难题。后来他又研究了电路中电的流动和分布，从而阐明了电路中两点间的电势差和静电学的电势这两个物理量在量纲和单位上的一致，使基尔霍夫定律具有更广泛的意义。直到现在，基尔霍夫定律仍旧是解决复杂电路问题的重要工具，因此基尔霍夫被人们称为"电路求解大师"。

基尔霍夫定律是建立在电荷守恒定律、欧姆定律及电压环路定理的基础之上的，在稳恒电流条件下严格成立。当基尔霍夫方程组联合使用时，可迅速计算出电路中各支路的电流值。由于似稳电流（低频交流电）具有的电磁波长远大于电路的几何尺度，所以它在电路中每一瞬间的电流与电压均能在足够好的程度上满足基尔霍夫定律，因此基尔霍夫定律的应用范围亦可扩展到交流电路的分析和计算之中。

叠加原理也是电路分析与计算时经常用到的一个原理，在使用时需要特别注意以下几点。

（1）叠加原理只能用于计算线性电路（即电路中的元件均为线性元件）的支路电流或电压（不能直接进行功率的叠加计算，因为功率与电压或电流是平方关系，而不是线性关系）。

（2）电压源不作用时应视为短路，电流源不作用时应视为断路；电路中的所有线性元件（包括电阻、电感和电容）都不予更改变动，受控源则要保留在电路中。

（3）使用叠加原理时还要注意电流或电压的参考方向，正确选取各分量的正负号。

二、实验原理

基尔霍夫定律是电路的基本定律。测量某电路的各支路电流及每个元件两端的电压，应

1

分别能满足基尔霍夫电流定律（KCL）和电压定律（KVL）。即对电路中的任一个节点而言，应有 $\sum I=0$；对任何一个闭合回路而言，应有 $\sum U=0$。

运用上述定律时必须注意各支路或闭合回路中电流的正方向，此方向可预先任意设定。

如图 1-1 所示，对于集总电路的任一节点，在任一时刻流入该节点的电流之和等于流出该节点的电流之和，即 $i_1=i_2+i_3+i_4$。

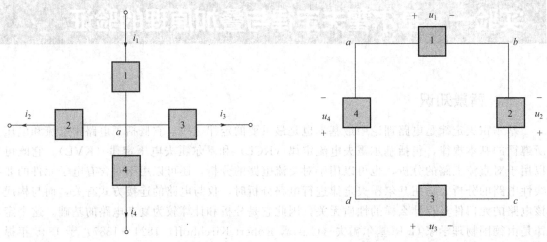

图 1-1　基尔霍夫电流定律　　　　　　图 1-2　基尔霍夫电压定律

如图 1-2 所示，对于任何集总电路中的任一回路，在任一瞬间，沿回路的各支路电压的代数和为零。从 a 点开始按顺时针方向（也可按逆时针方向）绕行一周，有 $u_1-u_2-u_3+u_4=0$。

叠加原理指出，在由多个独立源共同作用下的线性电路中，通过每一个元件的电流或其两端的电压，可以看成是由每一个独立源单独作用时在该元件上所产生的电流或电压的代数和。线性电路的齐次性是指当激励信号（某独立源的值）增加或减小 K 倍时，电路的响应（即在电路中各电阻元件上所建立的电流和电压值）也将增加或减小 K 倍。叠加性是线性电路的基本性质，叠加定理是反映线性电路特性的重要定理，是线性网络电路分析中普遍适用的重要原理，在电路理论上占有重要的地位。

三、实验目的

（1）验证基尔霍夫定律的正确性，加深对该定律的理解。

（2）明确在理论计算与实际问题分析中该定律所发挥的作用。

（3）验证线性电路叠加原理的正确性，从而加深对线性电路叠加性和齐次性的认识和理解。

（4）学会用电流插头、插座测量各支路电流。

四、实验设备

见表 1-1。

表 1-1　实验设备

序号	名称	型号与规格	数量
1	直流可调稳压电源	0~30V	2

序号	名称	型号与规格	数量
2	万用表		1
3	直流数字电压表	$0\sim200V$	1
4	电位、电压测定实验电路板		1

五、实验内容

1. 基尔霍夫定律的验证

（1）实验前先设定 3 条支路和 3 个闭合回路的电流正方向。图 1-3（a）中的 I_1、I_2、I_3 的方向已设定。3 个闭合回路的电流正方向可设为 $ADEFA$、$BADCB$ 和 $FBCEF$。

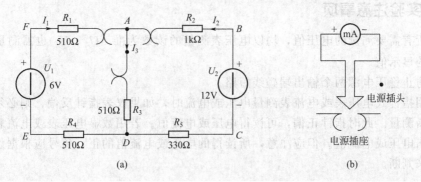

图 1-3 基尔霍夫电流定律实验电路

（2）分别将两路直流稳压源接入电路，令 $U_1=6V$，$U_2=12V$。

（3）熟悉电流插头的结构，将电流插头的两端接至数字毫安表的"＋、－"两端，如图 1-3（b）所示。

（4）将电流插头分别插入 3 条支路的 3 个电流插座中，读出并记录电流值于表 1-2。

（5）用直流数字电压表分别测量两路电源及电阻元件上的电压值，数据记入表 1-2。

2. 叠加原理的验证

（1）将图 1-4 叠加原理实验电路中两路稳压源的输出分别调节为 12V 和 6V，接入 U_1 和 U_2 处。

（2）令 U_1 电源单独作用（将开关 K_1 投向 U_1 侧，开关 K_2 投向短路侧）。用直流数字电压表和毫安表（接电流插头）测量各电阻元件两端的电压及各支路电流，数据记入表 1-3 中。

（3）令 U_2 电源单独作用（将开关 K_1 投向短路侧，开关 K_2 投向 U_2 侧），重复实验步骤（2）的测量和记录，数据记入表 1-3 中。

（4）令 U_1 和 U_2 共同作用（开关 K_1 和 K_2 分别投向 U_1 和 U_2 侧），重复实验步骤（2）的测量和记录，数据记入表 1-3 中。

（5）将 U_2 的数值调至 +12V，重复实验步骤（3）的测量和记录，数据记入表 1-3 中。

（6）将 R_5（330Ω）换成二极管 1N4007（即将开关 K_3 投向二极管 1N4007 侧），重复（1）～（5）的测量过程，数据记入表 1-4 中。

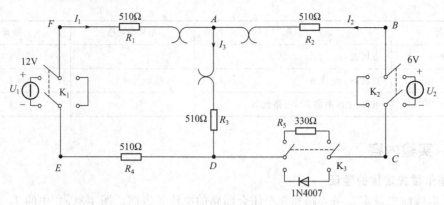

图 1-4　叠加原理实验电路

六、实验注意事项

（1）所有需要测量的电压值，均以电压表测量的读数为准。U_1、U_2 也需测量，不应取电源本身的显示值。

（2）防止稳压电源两个输出端碰线短路。

（3）用指针式电压表或电流表测量电压或电流时，如果仪表指针反偏，则必须调换仪表极性，重新测量。此时指针正偏，可读得电压或电流值。若用数显电压表或电流表测量，则可直接读出电压或电流值。但应注意，所读得的电压或电流值的正、负号应根据设定的电流参考方向来判断。

七、实验思考题

（1）根据图 1-3 的电路参数，计算出待测的电流 I_1、I_2、I_3 和各电阻上的电压值，记入表 1-2 中，以便实验测量时，可正确地选定毫安表和电压表的量程。

（2）实验中，若用指针式万用表直流毫安挡测各支路电流，在什么情况下可能出现指针反偏，应如何处理？在记录数据时应注意什么？若用直流数字毫安表进行测量时，则会如何显示？

八、实验报告

（1）根据实验数据，选定图 1-3 中节点 A，验证 KCL 的正确性。

（2）根据实验数据，选定实验电路中的任一个闭合回路，验证 KVL 的正确性。

（3）将支路和闭合回路的电流方向重新设定，重复（1）、（2）两项验证。

（4）误差原因分析。

（5）心得体会及其他。

九、实验数据

见表 1-2～表 1-4。

表 1-2　基尔霍夫定律的验证实验数据

测量项目	I_1/mA	I_2/mA	I_3/mA	U_1/V	U_2/V	U_{FA}/V	U_{AB}/V	U_{AD}/V	U_{CD}/V	U_{DE}/V
计算值										

续表

测量项目	I_1/mA	I_2/mA	I_3/mA	U_1/V	U_2/V	U_{FA}/V	U_{AB}/V	U_{AD}/V	U_{CD}/V	U_{DE}/V
测量值										
相对误差										

表1-3　叠加原理实验数据（一）

测量项目 实验内容	U_1 /V	U_2 /V	I_1 /mA	I_2 /mA	I_3 /mA	U_{AB} /V	U_{CD} /V	U_{AD} /V	U_{DE} /V	U_{FA} /V
U_1 单独作用										
U_2 单独作用										
U_1、U_2 共同作用										
$2U_2$ 单独作用										

表1-4　叠加原理实验数据（二）

测量项目 实验内容	U_1 /V	U_2 /V	I_1 /mA	I_2 /mA	I_3 /mA	U_{AB} /V	U_{CD} /V	U_{AD} /V	U_{DE} /V	U_{FA} V
U_1 单独作用										
U_2 单独作用										
U_1、U_2 共同作用										
$2U_2$ 单独作用										

实验二　戴维宁定理——有源二端网络等效参数的测定

一、背景知识

在实际工程中，电路的结构形式往往是多种多样的，对于简单的单回路电路或者能够通过串、并联的方法简化为单回路的电路，一般可以利用基尔霍夫定律和欧姆定律来对其进行计算，而对于某些不能化简为单回路电路的复杂电路，戴维宁定理的使用往往能起到简化计算的作用。戴维宁定理又称等效电压源定理或者等效发电机定理，它在复杂电路分析与计算问题中起着举足轻重的作用。一般来说，在只需要求解某一复杂电路中的某一条支路上的相关量时，应用戴维宁定理求解比利用其他办法求解更为简便，其具体的求解过程是先将复杂的线性二端网络等效为一个实际的电压源，然后接上待求的外电路并进行计算，以实现将复杂电路变换为简单电路进行求解的目的。此外，戴维宁定理还可以用在含有受控源的有源二端网络的计算中，这时其定理内容是一个含有受控源的有源二端网络可以用一个等效电压源来替代。等效电压源的电动势等于该有源二端网络的开路电压，等效电阻等于该有源二端网络的输入电阻。所谓输入电阻就是把有源二端网络中的独立电压源视为短路，独立电流源视为开路，并且保留其全部电阻，需要注意的是由于受控源不能独立存在，所以应予以保留，然后计算二端网络的两个端点间的等效电阻。

在实际的工程应用中，戴维宁定理的开路短路法是一种最简单、最迅速的测量手段和计算方法。这种方法需要先测量有源二端网络的开路电压 U_{OC}，再测量该有源二端网络的短路电流 I_{SC}，则等效电阻 $R_0 = \dfrac{U_{OC}}{I_{SC}}$。当电路为正弦交流电路时，戴维宁定理的等效复阻抗量值依然可以采用开路短路法求解，具体求解方法与直流电路时的求解方法相同，但是戴维宁等效复阻抗的相位确定则需要另外增补一个以电阻 R_1 为负载、小电容 C 作补充的实验电路，测量负载电阻 R_1 上的电压 U，以及该电路的开路电压 U_{OC}，测量流过负载电阻 R_1 上的电流 I，采用相量图和数学上的余弦定理就可以确定等效复阻抗的相位，具体的计算公式为

$$\cos\theta_i = (U_{OC}^2 - U^2 - |Z_i|^2 I^2)/(2|Z_i|UI) \tag{2-1}$$

如果还需要判断等效复阻抗是感性负载还是容性负载，则需要连接上一个小电容 C，观察负载电阻 R_1 上的电压 U，若该电压微增则等效复阻抗是感性负载，若该电压微减则等效复阻抗是容性负载。

二、实验原理

（一）戴维宁定理

任何一个线性含源网络，如果仅研究其中一条支路的电压和电流，则可将电路的其余部分看作是一个有源二端网络（或称为含源一端口网络）。

戴维宁定理指出，任何一个线性有源网络，总可以用一个电压源与一个电阻的串联来等效代替，此电压源的电动势 U_S 等于这个有源二端网络的开路电压 U_{OC}，其等效内阻 R_0 等于该网络中所有独立源均置零（理想电压源视为短接，理想电流源视为开路）时的等效电阻。

$U_{OC}(U_s)$ 和 R_0 或者 $I_{SC}(I_s)$ 和 R_0 称为有源二端网络的等效参数。

（二）有源二端网络等效参数的测量方法

1. 开路电压、短路电流法测 R_0

在有源二端网络输出端开路时，用电压表直接测量其输出端的开路电压 U_{OC}，然后再将其输出端短路，用电流表测其短路电流 I_{SC}，则等效内阻为

$$R_0 = \frac{U_{OC}}{I_{SC}} \tag{2-2}$$

如果二端网络的内阻很小，将其输出端口短路则易损坏其内部元件，因此不宜用此法。

2. 伏安法测 R_0

用电压表、电流表测出有源二端网络的外特性曲线，如图 2-1 所示。根据外特性曲线求出斜率 $\tan\varphi$，则内阻用如下公式计算。

$$R_0 = \tan\varphi = \frac{\Delta U}{\Delta I} = \frac{U_{OC}}{I_{SC}} \tag{2-3}$$

也可以先测量开路电压 U_{OC}，再测量电流为额定值 I_N 时的输出端电压值 U_N，则内阻为

$$R_0 = \frac{U_{OC} - U_N}{I_N} \tag{2-4}$$

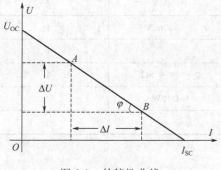

图 2-1　外特性曲线

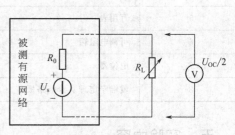

图 2-2　有源二端网络

3. 半电压法测 R_0

如图 2-2 所示，当负载电压为被测网络开路电压的一半时，负载电阻（由电阻箱的读数确定）即为被测有源二端网络的等效内阻值。

4. 零示法测 U_{OC}

在测量具有高内阻有源二端网络的开路电压时，用电压表直接测量会造成较大的误差。为了消除电压表内阻的影响，往往采用零示法测量，如图 2-3 所示。

零示法测量原理是用一低内阻的稳压电源与被测有源二端网络进行比较，当稳压电源的输出电压与有源二端网络的开路电压相等时，电压表的读数将为"0"。然后将电路断开，测量此时稳压电源的输出电压，即为被测有源二端网络的开路电压。

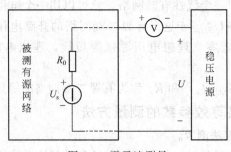

图 2-3 零示法测量

三、实验目的

（1）验证戴维宁定理的正确性，加深对该定理的理解。

（2）在理论计算与实际分析中会应用该定律解决问题。

（3）掌握测量有源二端网络等效参数的一般方法。

四、实验设备

见表 2-1。

表 2-1 实验设备

序号	名称	型号与规格	数量
1	可调直流稳压电源	0～30V	1
2	可调直流恒流源	0～500mA	1
3	直流数字电压表	0～300V	1
4	直流数字毫安表	0～500mA	1
5	万用表		1
6	可调电阻箱	0～99999.9Ω	1
7	电位器	1kΩ/2W	1
8	戴维宁定理实验电路板		1

五、实验内容

被测有源二端网络如图 2-4(a)，即 HE-12 挂箱中"戴维宁定理/诺顿定理"线路。

（1）用开路电压、短路电流法测定戴维宁等效电路的 U_{OC} 和 R_0。在图 2-4(a) 中，接入稳压电源 $U_s=12V$ 和恒流源 $I_s=10mA$，不接入 R_L，分别测定 U_{OC} 和 I_{SC}，记入表 2-2 中，并计算出 R_0。测 U_{OC} 时，不接入毫安表。

（2）负载实验。按图 2-4(a) 接入 R_L。改变 R_L 阻值，测量不同端电压下的电流值，记入表 2-3 中，并据此画出有源二端网络的外特性曲线。

（3）验证戴维宁定理。从电阻箱上取得按步骤（1）所得的等效电阻 R_0 之值，然后令其与直流稳压电源［调到步骤（1）时所测得的开路电压 U_{OC} 之值］相串联，如图 2-4(b) 所示，仿照步骤（2）测其外特性，对戴维宁定理进行验证。实验数据记入表 2-4 中。

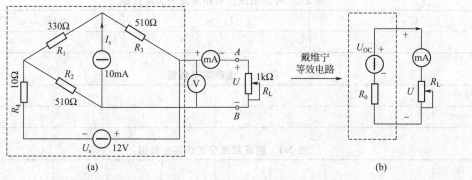

图 2-4　戴维宁定理

（4）有源二端网络等效电阻（又称入端电阻）的直接测量法，如图 2-4(a)，将被测有源网络内的所有独立源置零（去掉电流源 I_s 和电压源 U_s，并在原电压源所接的两点用一根短路导线相连），然后用伏安法或者直接用万用表的欧姆挡去测定负载 R_L 开路时 A、B 两点间的电阻，此即为被测网络的等效内阻 R_0，或称网络的入端电阻 R_i。

（5）用半电压法和零示法测量被测网络的等效内阻 R_0 及其开路电压 U_{OC}，线路及数据表格自拟。

六、实验注意事项

（1）测量时应注意电流表量程的更换。

（2）在实验步骤（4）中，电压源置零时不可将稳压源短接。

（3）用万用表直接测 R_0 时，网络内的独立源必须先置零，以免损坏万用表。其次，欧姆挡必须经调零后再进行测量。

（4）用零示法测量 U_{OC} 时，应先将稳压电源的输出调至接近于 U_{OC}，再按图 2-3 测量。

（5）改接线路时，要关掉电源。

七、实验思考题

（1）在求戴维宁等效电路时，做短路实验，测 I_{SC} 的条件是什么？在本实验中可否直接做负载短路实验？请实验前对线路图 [图 2-4(a)] 预先做好计算，以便调整实验线路及测量时可准确地选取电表的量程。

（2）说明测有源二端网络开路电压及等效内阻的几种方法，并比较其优缺点。

八、实验报告

（1）根据实验步骤（2）和（3），分别绘出曲线，验证戴维宁定理的正确性，并分析产生误差的原因。

（2）根据实验步骤（1）、（4）、（5）各种方法测得的 U_{OC}、R_0 与预习时电路计算的结果做比较，你能得出什么结论？

（3）归纳、总结实验结果。

（4）心得体会及其他。

九、实验数据

见表 2-2～表 2-4。

表 2-2　开路电压、短路电流法实验数据

U_{OC}/V	I_{SC}/mA	$R_0=U_{OC}/I_{SC}$ /Ω

表 2-3　负载实验数据

U/V										
I/mA										

表 2-4　验证戴维宁定理实验数据

U/V										
I/mA										

实验三 等效网络变换条件的测定

一、背景知识

根据实际需要，电路的结构形式有很多种，最简单的电路只有一个回路，即所谓的单回路电路。有的电路虽然有好几个回路，但是在计算电路参数时，可以将串联与并联的电阻化简为等效电阻，这样可简化为单回路电路。然而有的多回路电路中电阻之间既非串联又非并联，这就给计算带来了一定的麻烦。在电路的计算过程中经常需要实现电阻星形（Y）网络和三角形（△）网络之间的等效变换，特别是在三相交流电路的计算中尤为突出。如图 3-1，电阻连接的电路既非串联电路又非并联电路，属复杂电路，需要将它们等效变换为简单电路即等效变换为串联、并联电路。当 3 个电阻的一端连接在一个节点上，另一端连接在不同的

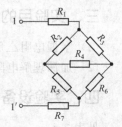

图 3-1 电桥电路

3 个点上成放射状，如图 3-1 中的 R_2、R_4 和 R_5，这种三端网络的连接方式称为星形连接（或"T"形连接），用符号"Y"表示。如果 3 个电阻首尾相连，成为三角形，如图 3-1 中的 R_2、R_3 和 R_4，这种三端网络连接方式称为三角形连接（或"Π"形连接），用符号"△"表示。△-Y 电路的等效变换，是指△-Y 电阻之间连接形式互相变换后，仍能够保持原电路中 3 个端点的电压和流过 3 个端点的电流不变。

二、实验原理

如果电阻之间接成△形电路或Y形电路，我们可利用等效网络变换条件对图 3-2 所示的

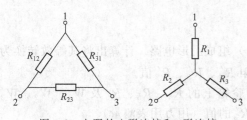

图 3-2 电阻的△形连接和Y形连接

△形电路和Y形电路进行等效变换。△形电路与Y形电路进行等效变换的条件是，必须保证两种电路相对应的端点 1、2、3 之间的电压相等，流过 1、2、3 端点的电流也相等，也就是经过这样的变换后，不影响电路其他部分的电压和电流。据此可以得出△形电路与Y形电路互相进行等效变换的计算公式。

令

$$R_{12} + R_{23} + R_{31} = R_\triangle \tag{3-1}$$

则

$$R_1 = \frac{R_{12} R_{31}}{R_\triangle} \tag{3-2}$$

11

$$R_2 = \frac{R_{23}R_{12}}{R_\triangle} \tag{3-3}$$

$$R_3 = \frac{R_{31}R_{23}}{R_\triangle} \tag{3-4}$$

或者令

$$R_1R_2 + R_2R_3 + R_3R_1 = R_Y \tag{3-5}$$

则

$$R_{12} = \frac{R_Y}{R_3} \tag{3-6}$$

$$R_{23} = \frac{R_Y}{R_1} \tag{3-7}$$

$$R_{31} = \frac{R_Y}{R_2} \tag{3-8}$$

三、实验目的

(1) 掌握电阻△形连接线路和Y形连接线路相互变换的条件及计算公式。
(2) 加深理解电阻△形线路和Y形线路相互变换的意义与方法。

四、实验设备

见表 3-1。

表 3-1　实验设备

序号	名称	型号与规格	数量
1	直流稳压电源	0～30V	1
2	直流电压表	0～300V	1
3	直流电流表	0～2A	1
4	数字万用表	四位半	1
5	实验线路及器件		1

五、实验内容

1. △形电路变换为Y形电路的数据测量

(1) 用 R_{12}、R_{23}、R_{31}（见 HE-14A 实验箱上）组成△形电路。计算出将其等效转换为Y形电路时各支路的电阻 R'_1、R'_2、R'_3 值。

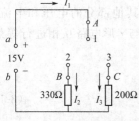

(2) 用 HE-14A 实验箱上的 R_4、R_5、R_6 及 W_1、W_2、W_3 分别调节出 R'_1、R'_2、R'_3 的值（用万用表测量）。

(3) 按图 3-3 接线。图中 A、B、C 为电流插座（在屏上），以便测量各支路的电流。1、2、3 三处按序号接入在步骤（1）中已经连接好的△电路。将稳压电源输出的 15V 电压接入图 3-3 的 a、b 处。用毫安表依次测量并记录 $I_{1\triangle}$、$I_{2\triangle}$、$I_{3\triangle}$，再用电压表测量并记录 $U_{\triangle12}$、$U_{\triangle23}$、$U_{\triangle31}$。

图 3-3　等效网络变换电路

(4) 拆去△电路，将步骤（2）所得的 R'_1、R'_2、R'_3 接成Y形电路，按序号接入 1、

2、3 三处，用毫安表依次测量并记录 I_{1Y}、I_{2Y}、I_{3Y}，用电压表测量并记录 U_{Y12}、U_{Y23}、U_{Y31}。

2. Y形电路变换为△形电路的数据测量

（1）用实验箱上的 R_1、R_2、R_3 构成Y形电路。

（2）计算并调节出 R'_{12}、R'_{23}、R'_{31}。

（3）分别测量并记录 I'_{1Y}、I'_{2Y}、I'_{3Y}、$I'_{1\triangle}$、$I'_{2\triangle}$、$I'_{3\triangle}$、U'_{Y12}、U'_{Y23}、U'_{Y31}、$U'_{\triangle12}$、$U'_{\triangle23}$、$U'_{\triangle31}$。

以上测得的实验数据均记入表 3-2 中。

六、实验注意事项

实验前应进行△-Y等效换电阻的计算，并估算各支路电流的范围，以便测量时选用合适的仪表量程。

七、实验思考题

（1）网络等效变换的目的是什么？△-Y网络等效变换的条件是什么？

（2）推导△-Y电路等效变换的电阻计算公式。

八、实验报告

（1）根据实验测得的数据，验证两种电路变换是否等效。

（2）分析误差及其原因。

（3）心得体会及其他。

九、实验数据

见表 3-2。

表 3-2　等效网络变换实验数据

	电路形式	△形电路			Y形电路		
原始电路	电阻值/Ω	$R_{12}=220$	$R_{23}=300$	$R_{31}=470$	$R_1=220$	$R_2=300$	$R_3=470$
	测量值　电流/mA	$I_{1\triangle}=$	$I_{2\triangle}=$	$I_{3\triangle}=$	$I_{1Y}=$	$I_{2Y}=$	$I_{3Y}=$
	电压/V	$U_{\triangle12}=$	$U_{\triangle23}=$	$U_{\triangle31}=$	$U_{Y12}=$	$U_{Y23}=$	$U_{Y31}=$
	电路形式	Y形电路			△形电路		
变换后电路	电阻值/Ω	$R'_1=$	$R'_2=$	$R'_3=$	$R'_{12}=$	$R'_{23}=$	$R'_{31}=$
	测量值　电流/mA	$I_{1Y}=$	$I_{2Y}=$	$I_{3Y}=$	$I'_{1\triangle}=$	$I'_{2\triangle}=$	$I'_{3\triangle}=$
	电压/V	$U'_{Y12}=$	$U'_{Y23}=$	$U'_{Y31}=$	$U'_{\triangle12}=$	$U'_{\triangle23}=$	$U'_{\triangle31}=$

实验四　电压源与电流源的等效变换

一、背景知识

电压源、电流源是电气测量和精密计量中经常使用的基本部件或仪器。实际工程上的电源，如电池、发电机等都接近电压源。电源是提供电能的装置。电源因可以将其他形式的能转换成电能，所以把这种提供电能的装置叫作电源。当今，干电池、蓄电池、发电机、太阳能电池等形式多样的电源为人类提供所需的稳定持续的电流。世界上第一个使人类获得稳定持续电流的是伟大的意大利物理学家、发明家伏特（1745～1827）。

伏特所处的时代，人们只停留在静电现象的研究，当1780年，意大利物理学家伽伐尼发现了"动物电"现象，在此启发下，伏特于1792年开始研究"动物电"及相关效应。他通过大量实验，否定了"动物电"是动物固有的说法，认为产生于两类导体（两种金属和液体）所组成的电路中，不同种类的金属接触时彼此都起电，这就是著名的电的接触学说。他以不同的金属联成环接触青蛙腿及其背，从而成功地使活的青蛙痉挛。

这就证实了"动物电"产生于两种不同金属的接触。由实验他还观察到电不仅产生颤动，还影响视觉和味觉神经。为了取得较强的效应，伏特把若干种导体连接起来进行了长期实验，终于在1799年研制成第一个长时间的持续的电流源——伏特电堆，接着又发明了伏特电池。伏特电池是19世纪初具有划时代意义的最伟大的发明之一。这一发明在此后的相当长的时间内成为人们获得稳定的持续电流的唯一手段。由此开拓了电学研究的新领域，使电学从对静电现象的研究进入到对动电现象的研究，导致了电化学、电磁联系等一系列重大发现。正是依靠足够强的持续电流，1820年丹麦物理学家奥斯特发现了电流的磁效应，这又导致了1831年英国物理学家法拉第发现了电磁感应现象等，使电磁学取得突飞猛进的发展。人们为了纪念这位最先为人类提供稳定电流的科学家伏特，将电动势和电位差的单位以他的姓氏命名为"伏特"（volt），简称"伏"。

理想电流源与理想电压源只是从电路中抽象出来的一种理想元件，实际上并不存在，但是从电路理论分析的观点上看，引入这两个理想元件是有用的。例如，晶体管放大电路中的三极管，其集电极电流基本上只受基极电流的控制而与加在集电极上的电压几乎无关。在一定的基极电流下，集电极电流几乎是恒定值，对于这样的电流可以用一个受基极电流控制的电流源来表示。

求解较复杂的混联电路，必须要先进行电路的等效变换，使原来的电阻关系，通过等效变换后，变得一目了然，从而方便计算。

二、实验原理

（一）电压源

电压源有理想电压源和实际电压源之分。理想电压源又称为恒压源，它是从实际电压源抽象出来的一种理想元件。

1. 理想电压源（恒压源）

理想电压源电路模型和伏安特性曲线如图4-1所示。

它具有以下两个性质。

（1）电源的端电压恒为电源的电动势，与流过它的电流无关。

（2）流过恒压源电流是任意的，由负载电阻和电动势确定。

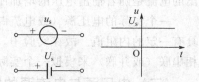

图4-1　理想电压源电路
模型和伏安特性曲线

电压源，$u = u_s$，端电压为u_s，与流过电压源的电流无关，由电源本身确定，电流任意，由外电路确定。一个直流稳压电源在一定的电流范围内，具有很小的内阻。故在实用中，常将它视为一个理想的电压源，即其输出电压不随负载电流而变。其外特性曲线，即其伏安特性曲线$U = f(I)$是一条平行于I轴的直线。

2. 实际电压源

事实上，理想电压源是不存在的，因为任何实际电压源都有内阻，所以当有输出电流时，内阻上就会产生压降，并且消耗一定的能量。

实际电压源电路模型是用恒压源与内阻的串联表示（图4-2）。

实际电压源的端电压与电流的关系可表示为

$$U = E - IR_0 \tag{4-1}$$

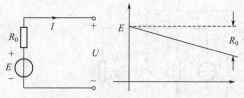

图4-2　实际电压源电路模型和伏安特性曲线

其伏安特性曲线见图4-2，由此可知，当输出电流增加时，输出电压下降，并且内阻越大，输出电压的变化也越大。

（二）电流源

1. 理想电流源（恒流源）

理想电流源电路模型和伏安特性曲线如图4-3所示。

它具有以下两个性质。

（1）输出电流恒为I_s，与其端电压无关。

（2）恒流源两端的电压是任意的，由负载电阻和电流I_s确定。

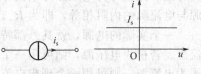

图4-3　理想电流源电路
模型和伏安特性曲线

电流源，$i = i_s$，流过电流为i_s，与电源两端电压无关，由电源本身确定，电压任意，由外电路确定。

一个恒流源，在一定的电压范围内，可视为一个理想的电流源，即其输出电流不随负载两端的电压（亦即负载的电阻值）而变。

2. 实际电流源

实际电流源的电路模型是用理想电流源和一个内阻R_0并联的组合表示（图4-4）。

实际电流源的伏安关系表示为

$$I = I_s - \frac{U}{R_0} \tag{4-2}$$

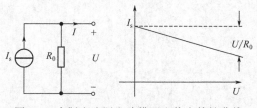

图4-4　实际电流源电路模型和伏安特性曲线

其伏安特性曲线见图4-4，实际电流源输

出的电流是随着输出电压的增加而减小。

一个实际的电压源（或电流源），其端电压（或输出电流）不可能不随负载而变，因它具有一定的内阻值。故在实验中，用一个小阻值的电阻（或大电阻）与稳压源（或恒流源）相串联（或并联）来模拟一个实际的电压源（或电流源）。

（三）电压源与电流源的等效变换

具有相同电压电流关系（即伏安关系，VAR）的不同电路称为等效电路，将某一电路用与其等效的电路替换的过程称为等效变换。将电路进行适当的等效变换，可以使电路的分析计算得到简化。

一个实际电源可以用两种不同的电路模型表示，一种是用电压源与电阻的串联模型表示；一种是用电流源与电阻的并联模型表示。如果两个电源的外特性相同，则对任何外电路它们是等效的。因此实际电压源与实际电流源之间是可以进行等效变换的。这里的等效变换指的是外部等效，就是变换前后，端口的伏安关系不变。下面通过图 4-5 进行分析，电压源和电流源向同一负载 R_L 供电，找出两者等效变化条件。由电压源的特性方程得

$$U = U_s - R_s I \tag{4-3}$$

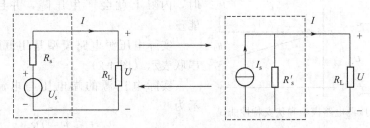

图 4-5　电压源-电流源等效电路

由电流源的特性方程可得

$$I = I_s - \frac{U}{R'_s} \tag{4-4}$$

电压源和电流源向同一外电路负载电阻 R_L 提供相同的电压 U 和电流 I，因此两电源互为等效。比较可得电压源与电流源等效变换条件为 $I_s = U_s / R_s$，$U_s = I_s R_s$，$R_s = R'_s$，电压源与电流源的内阻相等，即为 R_s。

一个实际的电源，就其外部特性而言，既可以看成是一个电压源，又可以看成是一个电流源。若视为电压源，则可用一个理想的电压源 U_s 与一个电阻 R_s 相串联的组合来表示；若视为电流源，则可用一个理想电流源 I_s 与一电导 g_s 相并联的组合来表示。如果有两个电源，它们能向同样大小的电阻供出同样大小的电流和端电压，则称这两个电源是等效的，即具有相同的外特性。

一个电压源与一个电流源等效变换的条件是，电压源变换为电流源为 $I_s = U_s / R_s$，$g_s = 1/R_s$；电流源变换为电压源为 $U_s = I_s R_s$，$R'_s = 1/g_s$。

三、实验目的

（1）掌握电源外特性的测试方法。

（2）验证电压源与电流源等效变换的条件。

四、实验设备

见表 4-1。

表 4-1 实验设备

序号	名称	型号与规格	数量
1	可调直流稳压电源	0～30V	1
2	可调直流恒流源	0～500mA	1
3	直流数字电压表	0～300V	1
4	直流数字毫安表	0～500mA	1
5	电阻器	120Ω、200Ω 300Ω、1kΩ	1
6	可调电阻	1kΩ	1

五、实验内容

1. 测定直流稳压电源（理想电压源）与实际电压源的外特性

（1）利用 HE-11 实验箱上的元件和屏上的电流插座，按图 4-6 接线。U_s 为 +12V 直流稳压电源。调节 R_2，令其阻值由大至小变化，令电流为表 4-2 值时，记录电压表的读数，实验结果填入表 4-2。

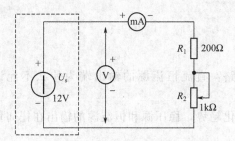 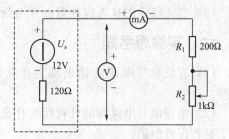

图 4-6　测量理想电压源外特性电路　　　　图 4-7　测量实际电压源外特性电路

（2）按图 4-7 接线，虚线框可模拟为一个实际的电压源。调节 R_2，令其阻值由大至小变化，令电流为表 4-3 值时，记录电压表的读数，实验结果填入表 4-3。

2. 测定直流恒流源（理想电流源）与实际电流源的外特性

（1）按图 4-8 接线，I_s 为直流恒流源，调节其输出为 10mA，调节 R_L，令电压为表 4-4 值时，记录电流表的读数，实验结果填入表 4-4。

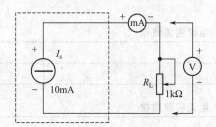 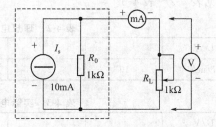

图 4-8　测量理想电流源外特性电路　　　　图 4-9　测量实际电流源外特性电路

（2）按图 4-9 接线，虚线框可模拟为一个实际的电流源，调节 R_L（从 0 至 1kΩ），令电压为表 4-5 值时，记录电流表的读数，实验结果填入表 4-5。

3. 测定电源等效变换的条件

（1）先按图 4-10(a) 线路接线，记录线路中两表的读数，实验结果填入表 4-6。

(2) 然后利用图 4-10(a) 中右侧的元件和仪表,按图 4-10(b) 接线。调节恒流源的输出电流 I_s,使两表的读数与图 4-10(a) 时的数值相等,记录 I_s 之值,验证等效变换条件的正确性。实验结果填入表 4-6。

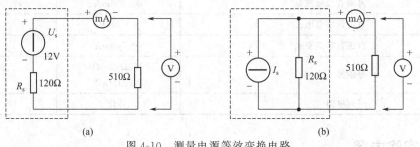

(a)   (b)

图 4-10 测量电源等效变换电路

六、实验注意事项

(1) 在测电压源外特性时,不要忘记测空载时的电压值,测电流源外特性时,不要忘记测短路时的电流值,注意恒流源负载电压不可超过 20V,负载更不可开路。

(2) 换接线路时,必须关闭电源开关。

(3) 直流仪表的接入应注意极性与量程。

七、实验思考题

(1) 直流稳压电源的输出端为什么不允许短路?直流恒流源的输出端为什么不允许开路?

(2) 电压源与电流源的外特性为什么呈下降变化趋势,稳压源和恒流源的输出在任何负载下是否保持恒值?

八、实验报告

(1) 根据实验数据绘出电源的四条外特性曲线,并总结、归纳各类电源的特性。

(2) 从实验结果,验证电源等效变换的条件。

九、实验数据

见表 4-2~表 4-6。

表 4-2 理想电压源电压、电流实验数据

U/V						
I/mA	10	20	30	40	50	60

表 4-3 实际电压源电压、电流实验数据

U/V						
I/mA	10	15	20	25	30	35

表 4-4 理想电流源电压、电流实验数据

U/V	1	2	3	4	5	6
I/mA						

表 4-5　实际电流源电压、电流实验数据

U/V	0.5	1	2	3	4	4.5
I/mA						

表 4-6　电源等效变换实验数据

测量项目	图 4-10(a)	图 4-10(b)
理想电压源值 U_s/V		
电流表值 I/mA		
电压表值 U/V		
理想电流源值 I_s/mA		

实验五　RC 一阶电路响应测试

一、背景知识

实际动态电路中，由于开关的接通和断开、线路的短接或开断、元件参数值的改变等，都将引起电路由一种工作状态到另一种工作状态的转变，由于电路中存在储能元件，这种转变通常不可能瞬时完成，需要一段时间历程。它可以用积分微分方程来描述，能用一阶常微分方程来描述的电路就是一阶电路。

一阶电路在实际生活中应用十分广泛，它可构成积分微分器、比例器、延时器等。积分电路（积分器）在实际中得到广泛的应用，可以用来作为显示器的扫描电路、模数转换器或者作为数学模拟运算器。积分是一种常见的数学运算，广泛应用于各类数码家电的电路中。微分电路的应用十分广泛，在线性系统中，除了可作为微分运算外，在数字电路中，常用来作波形转换，如将矩形波变换为尖顶脉冲波。实际生活中，延时器是产生混响或回声的效果器。有模拟延时器、数字延时器、混响器等，它们的原理基本相同，广泛用于各类音响。RC 一阶电路也被用于避雷器、整流滤波等电路中。

避雷器是与电器设备连接的一种过电压保护设备。其作用是限制电器设备绝缘上的过电压，保护其绝缘免受损伤或击穿。避雷器的电路组成如图 5-1 所示。其原理是变压

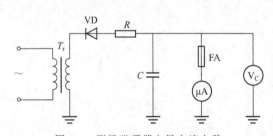

图 5-1　测量避雷器电导电流电路

器高压侧经整流硅堆输出的电压为半波整流电压，其正半周时，经电阻 R 对电容 C 充电，负半周时电容 C 经 R 放电，但由于 C 较大，电荷逸出很少；下一个正半周时，C 又通过 R 充电，使两端的电压维持原来的数值，这样就保证避雷器两端的电压波动很小。

二、实验原理

1. RC 电路的响应

一阶电路：用一阶微分方程描述的电路。

零输入响应：指输入为零，初始状态不为零所引起的电路响应。

零状态响应：指初始状态为零，而输入不为零所产生的电路响应。

完全响应：指输入与初始状态均不为零时所产生的电路响应。

完全响应表达式：完全响应＝零输入响应＋零状态响应；或是完全响应＝稳态分量＋暂态分量。稳态值、初始值和时间常数，我们称这 3 个量为一阶电路的三要素，由三要素可以直接写出一阶电路过渡过程的解。此方法叫三要素法。

设 $f(0_+)$ 表示电压或电流的初始值，$f(\infty)$ 表示电压或电流的新稳态值，τ 表示电路的时间常数，$f(t)$ 表示要求解的电压或电流。这样，电路的表达式为

$$f(t) = f(\infty) + [f(0_+) - f(\infty)]e^{-\frac{t}{\tau}} \tag{5-1}$$

2. 微分电路和积分电路

微分电路和积分电路是 *RC* 一阶电路中较典型的电路，它对电路元件参数和输入信号的周期有着特定的要求。一个简单的 *RC* 串联电路，在方波序列脉冲的重复激励下，当满足 $\tau = RC \gg T/2$（T 为方波脉冲的重复周期）时，且由 R 两端的电压作为响应输出，这就是一个微分电路。因为此时电路的输出信号电压与输入信号电压的微分成正比。微分电路及其波形图如图 5-2 所示。利用微分电路可以将方波转变成尖脉冲。

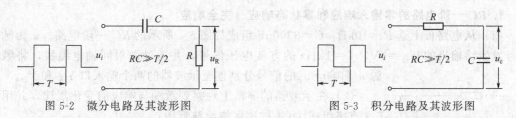

图 5-2　微分电路及其波形图　　　　图 5-3　积分电路及其波形图

若将图 5-2 中的 R 与 C 位置调换一下，如图 5-3 所示，由 C 两端的电压作为响应输出。当电路的参数满足 $\tau = RC \gg T/2$ 时，即称为积分电路。因为此时电路的输出信号电压与输入信号电压的积分成正比。利用积分电路可以将方波转变成锯齿波信号。

3. 过渡过程模拟

动态网络的过渡过程是十分短暂的单次变化过程，要用普通示波器观察过渡过程和测量有关的参数，就必须使这种单次变化的过程重复出现。为此，可以利用信号发生器输出的方波来模拟阶跃激励信号，即利用方波输出的上升沿作为零状态响应的正阶跃激励信号；利用方波的下降沿作为零输入响应的负阶跃激励信号。只要选择方波的重复周期远大于电路的时间常数 τ，那么电路在这样的方波序列脉冲信号的激励下，它的响应就和直流电接通与断开的过渡过程是基本相同的。

4. 时间常数 τ 的测定方法

根据一阶微分方程的求解得知 $u_c = U_m e^{-t/RC} = U_m e^{-t/\tau}$。

当 $t = \tau$ 时，$u_c = 0.368 U_m$。用示波器测量其零输入响应的波形图。由零状态响应波形增加到 $0.632 U_m$ 所对应的时间就等于 τ。从输入输出波形来看，上述两个电路均起着波形变换的作用，请在实验过程中仔细观察与记录。

三、实验目的

（1）研究 *RC* 一阶电路在方波激励情况下一阶电路的零输入响应、零状态响应及完全响应的基本规律和特点。

（2）了解常用 *RC* 微分电路和积分电路的性质和条件。

（3）学习用示波器观测分析电路响应，提高使用示波器和信号源的能力。

（4）*RC* 一阶电路应用于滤波电路有初步的了解。

四、实验设备

见表 5-1。

表 5-1　实验设备

序号	名称	型号与规格	数量
1	函数信号发生器		1
2	双踪示波器		1
3	一阶电路实验箱		1

五、实验内容

实验线路板采用实验箱的"一阶电路",请认清 R、C 元件的布局及其标称值,各开关的通断位置等。

1. RC 一阶电路的零输入响应和零状态响应、完全响应

(1) 从电路板上选 $R=10\text{k}\Omega$,$C=3300\text{pF}$ 组成如图 5-4 所示的 RC 一阶电路。u 为脉冲信号发生器输出的 $U_m=1\text{V}$、$f=1\text{kHz}$ 的方波电压信号,并通过两根同轴电缆线,将激励源 u 和响应 u_c 的信号分别连至示波器的两个输入口 Y_A 和 Y_B。

(2) 在示波器的屏幕上观察到激励与响应的变化规律,并用图 5-5 方格纸按 1∶1 的比例描绘波形图。

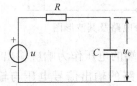

图 5-4　RC 一阶电路

2. 积分电路

(1) 令 $R=10\text{k}\Omega$,$C=0.1\mu\text{F}$,组成图 5-3 所示的 RC 电路。u 为脉冲信号发生器输出的 $U_m=1\text{V}$、$f=1\text{kHz}$ 的方波电压信号,并通过两根同轴电缆线,将激励源 u 和响应 u_c 的信号分别连至示波器的两个输入口 Y_A 和 Y_B。

(2) 在示波器的屏幕上观察到激励与响应的变化规律,并用图 5-6 方格纸按 1∶1 的比例描绘波形图。

3. 微分电路

(1) 令 $C=0.1\mu\text{F}$,$R=100\Omega$,组成图 5-2 所示的微分电路。在同样的方波激励信号($U_m=1\text{V}$、$f=1\text{kHz}$)作用下,并通过两根同轴电缆线,将激励源 u 和响应 u_R 的信号分别连至示波器的两个输入口 Y_A 和 Y_B。

(2) 在示波器的屏幕上观察到激励与响应的变化规律,并用图 5-7 方格纸按 1∶1 的比例描绘波形图。

六、实验注意事项

(1) 调节电子仪器各旋钮时,动作不要过快、过猛。实验前,需熟读双踪示波器的使用说明书。观察双踪时,要特别注意相应开关、旋钮的操作与调节。

(2) 信号源的接地端与示波器的接地端要连在一起(称共地),以防外界干扰而影响测量的准确性。

(3) 示波器的辉度不应过亮,尤其是光点长期停留在荧光屏上不动时,应将辉度调暗,以延长示波管的使用寿命。

七、实验思考题

(1) 什么样的电信号可作为 RC 一阶电路零输入响应、零状态响应和完全响应的激励信号?

（2）何谓积分电路和微分电路？它们必须具备什么条件？它们在方波序列脉冲的激励下，其输出信号波形的变化规律如何？这两种电路有何功用？

八、实验报告

（1）根据实验，计算时间常数 τ。
（2）根据实验观测结果，归纳、总结积分电路和微分电路的形成条件。

九、实验数据

见图5-5～图5-7。

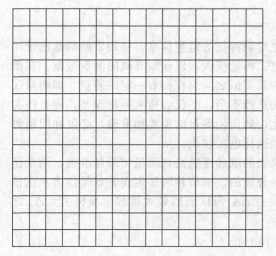

图5-5　RC一阶电路的零输入响应和零状态
　　　响应、完全响应结果波形图

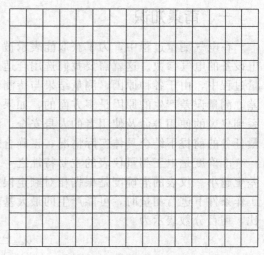

图5-6　积分电路结果波形图

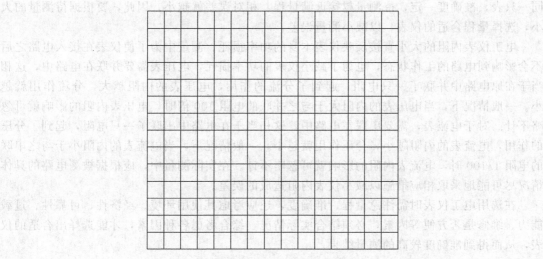

图5-7　微分电路结果波形图

实验六 电工仪表的使用与测量误差的计算

一、背景知识

在电气测量过程中，为了获取能表示被研究对象特征的定量信息，必须要准确地测量用电设备的电气参数。这就需要我们选用合适的电工测量仪表，以获取准确的测量数据。在测量过程中，由于各种原因，测量结果与待测量的真实值之间总存在着一定的差别，即测量误差。测量误差产生的原因是多方面的，如果仪表选择不当，不仅会造成测量误差，而且还关系到仪表的使用寿命及使用者的人身安全。因此，如何使测量结果更加准确，必须在明确测量任务的前提下结合具体实际情况，正确合理地选择电工仪表。

准确度是电工测量仪表的主要特性之一。仪表的准确度越高，测量结果越准确，测量误差也越小。仪表的准确度是根据相对额定误差来分级的。所谓相对额定误差就是仪表在正常工作条件下进行测量时，可能产生的最大基本误差 ΔA 与仪表的最大量程（满标值）A_m 之比，用百分数表示为

$$\gamma = \frac{\Delta A}{A_m} \times 100\% \tag{6-1}$$

由定义可知，在考虑准确度的同时必须考虑量程，如果只考虑仪表的准确度而不考虑量程，则测量误差可能较大。而且在正常工作条件下，可以认为最大基本误差是不变的，所以同一只表，准确度一定，待测量越接近满量程、相对误差就越小。因此，要根据待测量的大小，选择量程合适的仪表，以减小测量误差。

电工仪表内阻的大小直接反映仪表本身的功率损耗。测量中为了使仪表在接入电路之后不会影响到电路的工作状态，也为了减小仪表的功率损耗，电压表需要并联在电路中，这相当于在原电路中并联了一只电阻，起到了分流的作用，电压表的内阻越大，分流作用就越小。一般情况下，当电压表的内阻大于与之并联的电阻 100 倍时，电压表内阻的影响就可忽略不计。对于电流表，需要串联在电路中，这相当于在电路中串联了一只电阻，起到了分压的作用，电流表的内阻越小，分压作用就越小。一般情况下，当电流表的内阻小于与之串联的电阻 1/100 时，电流表内阻的影响就可忽略不计。在实际测量中，应根据被测电路的具体情况尽可能地采取相应措施以减小仪表内阻造成的误差。

在选用电工仪表时需注意量程、准确度，还应考虑其使用环境、经济性、可靠性、过载能力、维修是否方便等因素，必须结合实际情况，综合考虑各种因素，才能选择出合适的仪表，从而得到准确度较高的测量结果。

二、实验原理

(一) 仪表误差

任何电工仪表不论其制造工艺如何先进、质量多高，仪表的测量结果与真值之间总存在

着一定的差值，这个差值称为仪表误差。

仪表误差的分类如下。

1. 基本误差

仪表在规定的标准条件下，即在规定的温度、湿度及无外电磁场干扰等条件下测量时，由于内部结构和制造工艺的限制，仪表本身固有的误差。如电桥中电阻元件的制造误差、摩擦等所造成的误差，均属基本误差。测试系统的精度是由基本误差决定的。

2. 附加误差

仪表在非标准条件下测量时，除基本误差外还会产生附加误差。如温度过高或过低所引起的温度附加误差。这种附加误差会叠加到基本误差上。

（二）测量误差

在测量过程中由于测量仪表不准确、测量方法不当或测量条件发生变化以及实验者的疏忽等因素，都会使测量结果偏离被测量的真值，这种差异称为测量误差。

测量误差按其性质和特点可分为系统误差、随机误差和疏忽误差三类。

1. 系统误差

在一定条件下，即在测量条件不变或多次测量同一个量时，误差的绝对值和符号保持恒定；或在条件变化时，按一定规律变化的误差称为系统误差。如用质量不准的天平砝码称物质，会产生恒定误差；用不准的秒表计时，路程越长，误差累积的越多等，这些都是系统误差。系统误差表明一个测量结果偏离真值或实际值的程度。

由于测量仪表本身的缺陷、使用不当、测量方法不完善、所依据的理论不充分或操作技能等因素均可引起系统误差。

2. 随机误差

在相同的条件下，多次重复测量同一个量时，在尽量消除一切明显的系统误差后，每次测量结果仍会出现大小、符号都不确定的误差，称为随机误差，也叫偶然误差。

测量中的随机误差通常是对测量值影响较微小的、相互独立的多种因素（如温度、湿度、磁场等因素）的综合影响造成的。其大小就是这些微小的误差的总和。

某一次测量的随机误差没有规律、无法预料，是一个随机变量。但是，在同一条件下，进行多次测量，可以发现这些测量值的随机误差（剔除系统误差）及在其影响下的一组测量数据具有一定的规律性，符合正态分布规律。它具有如下特性。

（1）随机误差的绝对值不会超过一定界限，在随机误差出现的范围上是有界的，即有界性。

（2）绝对值小的误差出现的概率比绝对值大的误差出现的概率大，在大小上随机误差具有单峰性。

（3）绝对值相等而符号相反的误差出现的概率相等，随机误差在分布上具有对称性。因而将所有的随机误差相加，其算术平均值趋近于零，即具有抵偿性。

根据随机误差的特点，可以通过对被测量进行多次重复测量，取其算术平均值的方法来减小随机误差对测量结果的影响。并且测量次数越多其测量值的算术平均值越接近被测量的实际值，即真值。

3. 疏忽误差

在一定的测量条件下，测量结果明显地偏离真值，这种测量值中所含的误差就是疏忽误差。对含有疏忽误差的测量数据应剔除。

产生疏忽误差的原因主要是由于操作者的疏忽、测量条件突然发生变化、测量方法不当等造成的。如读数错误、记录错误、测量器具未校准等所引起的误差均属疏忽误差。疏忽误差可以通过提高操作人员的测试技能和责任心加以避免。

（三）测量仪表内阻的方法

为了准确地测量电路中实际的电压和电流，必须保证仪表接入电路后不会改变被测电路的工作状态。这就要求理想电压表的内阻为无穷大；理想电流表的内阻为零。而实际使用的电工仪表都不能满足上述要求。因此，测量仪表一旦接入电路，就会改变电路原有的工作状态，这就导致仪表的读数值与电路原有的实际值之间出现误差。这种测量误差值的大小与仪表本身内阻值的大小密切相关。只要测出仪表的内阻，即可计算出由其产生的测量误差。以下介绍几种测量仪表内阻的方法。

1. 用分流法测量电流表的内阻

如图 6-1 所示。A 为被测内阻为 R_A 的直流电流表。测量时先断开开关 S，调节电流源的输出电流 I 使电流表的读数为 1mA。然后合上开关 S，并保持 I 值不变，调节可变电阻器 R_B 的阻值，使电流表的读数为 0.5mA，此时有

$$I_A = I_S = I/2 = 0.5\text{mA} \tag{6-2}$$

所以 $R_A = R_B /\!/ R_1$，R_1 为固定电阻器之值，R_B 可由万用表测得。

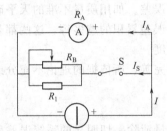 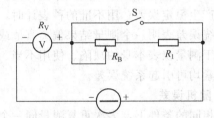

图 6-1　分流法测量电流表内阻电路　　　　图 6-2　分压法测量电压表内阻电路

2. 用分压法测量电压表的内阻

如图 6-2 所示。V 为被测内阻为 R_V 的电压表。测量时先将开关 S 闭合，调节直流稳压电源的输出电压，使电压表 V 的读数为 $U = 10\text{V}$。然后断开开关 S，调节可变电阻器 R_B 使电压表 V 的读数减半。
此时有

$$R_V = R_B + R_1 \tag{6-3}$$

电压表的灵敏度为

$$S = R_V/U \ (\Omega/\text{V})$$

式中，U 为电压表满偏时的电压值。

（四）方法误差

仪表内阻引入的测量误差通常称为方法误差，下面以实例说明。

以图 6-3 所示电路为例，R_1 上的电压为

$$U_{R1} = \frac{R_1}{R_1 + R_2} U \tag{6-4}$$

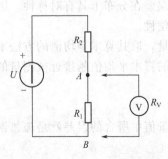

图 6-3　方法误差实例电路

现用一内阻为 R_V 的电压表来测量 U_{R1} 值，当 R_V 与 R_1 并联后，$R_{AB} = \dfrac{R_V R_1}{R_V + R_1}$，以此来替代上式中的 R_1，则

$$U'_{R1} = \frac{\dfrac{R_V R_1}{R_V + R_1}}{\dfrac{R_V R_1}{R_V + R_1} + R_2} U \tag{6-5}$$

绝对误差为

$$\Delta U = U'_{R1} - U_{R1} = \frac{-R_1^2 R_2}{R_V(R_1^2 + 2R_1 R_2 + R_2^2) + R_1 R_2(R_1 + R_2)} U \tag{6-6}$$

若 $R_1 = R_2 = R_V$，则得

$$\Delta U = -\frac{U}{6} \tag{6-7}$$

相对误差为

$$\Delta U\% = \frac{U'_{R1} - U_{R1}}{U_{R1}} \times 100\% = \frac{-U/6}{U/2} \times 100\% = -33.3\% \tag{6-8}$$

由此可见，当电压表的内阻与被测电路的电阻相近时，测得值的误差是非常大的。

三、实验目的

（1）掌握恒压源与恒流源的使用方法。

（2）掌握分流法测量电流表的内阻、分压法测量电压表内阻的方法。

（3）理解绝对误差、相对误差的概念与意义，并掌握其计算方法。

四、实验设备

见表 6-1。

表 6-1　实验设备

序号	名称	型号与规格	数量
1	可调直流稳压电源	0～30V	二路
2	可调恒流源	0～500mA	1
3	指针式万用表	MF-47 或其他	1
4	可调电阻箱	0～9999.9Ω	1
5	电阻器	按需选择	

五、实验内容

（1）根据分流法原理按图 6-1 连线，测定直流电流表的内阻。实验数据记入表 6-2。

（2）根据分压法原理按图 6-2 连线，测定直流电压表的内阻。实验数据记入表 6-3。

（3）用实验台上的直流电压表 20V 挡量程测量图 6-3 电路中 R_1 上的电压 U'_{R1} 之值，并计算测量的绝对误差与相对误差。实验数据记入表 6-4。

六、实验注意事项

（1）实验台上配有实验所需的恒流源，在开启电源开关前，应将恒流源的输出调到 2mA 挡，输出旋钮应调至最小。接通电源后，再根据需要缓慢调节。

（2）当恒流源输出端接有负载时，如果需要将其粗调旋钮由低挡位向高挡位切换时，必

须先将其细调旋钮调至最小。否则输出电流会突增，可能会损坏外接器件。

（3）实验前应认真阅读直流稳压电源的使用说明书，以便在实验中能正确使用。

（4）电压表应与被测电路并联使用，电流表应与被测电路串联使用，并且都要注意极性与量程的合理选择。

七、实验思考题

（1）根据实验内容（1）和（2），若已求出0.5mA挡和2.5V挡的内阻，可否直接计算得出5mA挡和10V挡的内阻？

（2）用量程为10A的电流表测实际值为8A的电流时，实际读数为8.1A，求测量的绝对误差和相对误差。

八、实验报告

（1）记录实验数据，并计算电流表和电压表的内阻。

（2）计算实验电路（图6-3）的绝对误差和相对误差。

九、实验数据

见表6-2～表6-4。

表6-2　分流法实验数据

被测电流表量程	S断开时表读数/mA	S闭合时表读数/mA	$R_B(0\sim1k\Omega)$	$R_1/k\Omega$	计算内阻 R_A/Ω
2mA				10	
20mA				10	

表6-3　分压法实验数据

被测电压表量程	S闭合时表读数/V	S断开时表读数/V	$R_B(0\sim10k\Omega)$	$R_1/k\Omega$	计算内阻 $R_V/k\Omega$
2V				470	
20V				470	

表6-4　绝对误差与相对误差实验数据

电源电压 /U	R_2	R_1	计算值 U_{R1} /V	实测值 U'_{R1} /V	绝对误差 $\Delta U=U'_{R1}-U_{R1}$	相对误差 $(\Delta U/U_{R1})\times100\%$
20V	20kΩ	10kΩ				

实验七 电路元件伏安特性的测绘

一、背景知识

实际电路都是由一些按需要起不同作用的实际电路元件或器件组成，如各种电阻器、电容器、发电机、电动机等。电路元件一般是指电路中的一些无源元件，如电阻器、电容器、电感器等。

在电子电路中，线性元件是一种电子元件，与电流和电压有线性关系。电阻是最普遍的元件，如色环电阻、热敏电阻、压敏电阻等，如图 7-1 所示。电阻可分为线性电阻和非线性电阻，线性电阻不随输入的电压、电流值的改变而改变，如固定阻值的电阻。非线性电阻总是与一定的物理过程相联系，如发热、发光和能级跃迁等，江崎玲于奈等因研究与隧道二极管负电阻有关的隧穿现象而获得 1973 年的诺贝尔物理学奖。

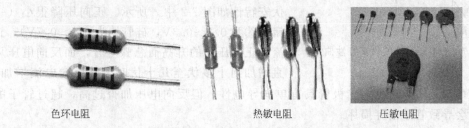

色环电阻　　　　　　　　　　热敏电阻　　　　　　　　　压敏电阻

图 7-1　色环电阻、热敏电阻、压敏电阻实物图

线性元件是指输出量和输入量具有正比关系的元件。例如在温度不变的情况下金属电阻元件的两端电压同电流的关系就可以认为是线性的。电子元器件具有这种关系的很多。质量差的元器件会出现线性失真。非线性元件其输入输出不呈线性关系。当信号通过一个元器件后，信号的波形没有改变，就称之为线性器件，比如电阻、电容；当信号通过一个元器件后，信号的波形被改变了，就称之为非线性器件，比如二极管，交流信号通过它以后，只剩下半边了。线性电路与非线性电路也是这样，当信号通过一个电路后，信号的波形没有改变，就称之为线性电路；当信号通过一个电路后，信号的波形被改变了，就称之为非线性电路。即输入值与输出值的函数曲线为直线，就是所说的线性；否则就是非线性。

这里说的"输入值与输出值的函数"其实就是"输入值与输出值的一个比例 k"，一般元件的 $k=1$，功放元件不等于 1，但是一个常数。也就是说，k 为固定常数的时候，电路是线性电路，k 不固定的时候为非线性元件。

给一个元件通以直流电，用电压表测出元件两端的电压，用电流表测出通过元件的电流。通常以电压为横坐标、电流为纵坐标，画出该元件电流和电压的关系曲线，称为该元件的伏安特性曲线。这种研究元件特性的方法称为伏安法。伏安特性曲线为直线的元件称为线性元件，如电阻；伏安特性曲线为非直线的元件称为非线性元件，如二极管、三极管等。伏安法的主要用途是测量研究线性和非线性元件的电特性。

二、实验原理

任何一个电器两端元件的特性可用该元件上的端电压 U 与通过该元件的电流 I 之间的函数关系 $I = f(U)$ 来表示，即用 I-U 平面上的一条曲线来表征，这条曲线称为该元件的伏安特性曲线。

（一）线性电阻

线性电阻器的伏安特性曲线是一条通过坐标原点的直线，如图 7-2 中 a 所示，该直线的斜率等于该电阻器的电阻值的倒数。

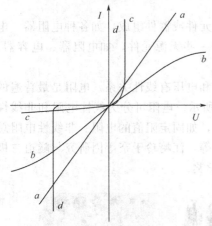

图 7-2　不同元件的伏安特性曲线

（二）白炽灯

一般的白炽灯在工作时灯丝处于高温状态，其灯丝电阻随着温度的升高而增大，通过白炽灯的电流越大，其温度越高，阻值也越大。一般灯泡的"冷电阻"与"热电阻"的阻值可相差几倍至十几倍，所以它的伏安特性如图 7-2 中 b 曲线所示。

（三）半导体二极管

一般的半导体二极管是一个非线性电阻元件，其伏安特性如图 7-2 中 c 所示。正向压降很小（一般的锗管约为 $0.2 \sim 0.3V$，硅管约为 $0.5 \sim 0.7V$），正向电流随正向压降的升高而急骤上升，而反向电压从零一直增加到十多伏至几十伏时，其反向电流增加很小，粗略地可视为零。可见，二极管具有单向导电性，但反向电压加得过高，超过管子的极限值，则会导致管子击穿损坏。

1. 二极管的工作原理

晶体二极管为一个由 P 型半导体和 N 型半导体形成的 PN 结，在其界面两侧形成空间电荷层，并建有自建电场。当不存在外加电压时，由于 PN 结两边载流子浓度差引起的扩散电流和自建电场引起的漂移电流相等而处于电平衡状态。当外界有正向电压偏置时，外界电场和自建电场的互相抑消作用使载流子的扩散电流增加引起了正向电流。当外界有反向电压偏置时，外界电场和自建电场进一步加强，形成在一定反向电压范围内与反向偏置电压值无关的反向饱和电流。当外加的反向电压高到一定程度时，PN 结空间电荷层中的电场强度达到临界值产生载流子的倍增过程，产生大量电子空穴对，产生了数值很大的反向击穿电流，称为二极管的击穿现象。

2. 二极管的分类

半导体二极管按其用途可分为普通二极管和特殊二极管。普通二极管包括整流二极管、检波二极管、稳压二极管、开关二极管、快速二极管等；特殊二极管包括变容二极管、发光二极管、隧道二极管、触发二极管等。

3. 二极管的主要参数

（1）反向饱和漏电流。指在二极管两端加入反向电压时流过二极管的电流，该电流与半导体材料和温度有关。在常温下，硅管的反向饱和漏电流为纳安级，锗管的反向饱和漏电流为微安级。

（2）最高工作频率。由于 PN 结的结电容存在，当工作频率超过某一值时，它的单向导电性将变差。点接触式二极管的值较高，在 100MHz 以上；整流二极管的较低，一般不高于几千赫兹。

（3）反向恢复时间。当工作电压从正向电压变成反向电压时，二极管工作的理想情况是电流能瞬时截止。实际上，一般要延迟一点点时间。决定电流截止延时的量，就是反向恢复时间。虽然它直接影响二极管的开关速度，但不一定说这个值小就好。也即当二极管由导通突然反向时，反向电流由很大衰减到接近反向饱和漏电流时所需要的时间。大功率开关管工作在高频开关状态时，此项指标至为重要。

（4）最大功率 P。二极管中有电流流过，就会吸热，而使自身温度升高。最大功率 P 为功率的最大值。具体讲就是加在二极管两端的电压乘以流过的电流。这个极限参数对稳压二极管，可变电阻二极管显得特别重要。

（四）稳压二极管

稳压二极管是一种特殊的半导体二极管，它是利用 PN 结的击穿区具有稳定电压的特性来工作的。稳压管在稳压设备和一些电子电路中获得广泛的应用。其正向特性与普通二极管类似，但其反向特性较特别，如图 7-2 中 d 所示。在反向电压开始增加时，其反向电流几乎为零，但当电压增加到某一数值时（称为管子的稳压值，有各种不同稳压值的稳压管）电流将突然增加，以后它的端电压将基本维持恒定，当外加的反向电压继续升高时其端电压仅有少量增加。

1. 稳压二极管的特性

（1）稳定电压。就是 PN 结的击穿电压，它随工作电流和温度的不同而略有变化。

（2）稳定电流 I_z。稳压管工作时的参考电流值。它通常有一定的范围，即 $I_{zmin} \sim I_{zmax}$。

（3）动态电阻。它是稳压管两端电压变化与电流变化的比值，这个数值随工作电流的不同而改变。通常工作电流越大，动态电阻越小，稳压性能越好。

对于同一型号的稳压管来说，稳压值有一定的离散性。

2. 稳压二极管的参数

（1）电压温度系数。它是用来说明稳定电压值受温度变化影响的系数。不同型号的稳压管有不同的稳定电压的温度系数，且有正负之分。稳压值低于 4V 的稳压管，稳定电压的温度系数为负值；稳压值高于 6V 的稳压管，其稳定电压的温度系数为正值；介于 4V 和 6V 之间的，可能为正，也可能为负。在要求高的场合，可以用两个温度系数相反的管子串联进行补偿（如 2DW7）。

（2）额定功耗 P_z。前已指出，工作电流越大，动态电阻越小，稳压性能越好，但是最大工作电流受到额定功耗 P_z 的限制，超过 P_z 将会使稳压管损坏。

3. 选择稳压二极管的注意事项

流过稳压管的电流 I_z 不能过大，应使 $I_z \leqslant I_{zmax}$，否则会超过稳压管的允许功耗，I_z 也不能太小，应使 $I_z \geqslant I_{zmin}$，否则不能稳定输出电压，这样使输入电压和负载电流的变化范围都受到一定限制。

4. 稳压二极管的故障表现

稳压二极管的故障主要表现在开路、短路和稳压值不稳定。在这三种故障中，前一种故障表现出电源电压升高；后两种故障表现为电源电压变低到零伏或输出不稳定。实验中应注意，流过二极管或稳压二极管的电流不能超过管子的极限值，否则管子就会烧坏。

对于一个未知的电阻元件，可以参照对已知电阻元件的测试方法进行测试，再根据测得数据描绘其伏安特性曲线，再与已知元件的伏安特性曲线相对照，即可判断出该未知电阻元件的类型及其某些特性，如线性电阻的电阻值、二极管的材料（硅管或锗管）、稳压二极管的稳压值等。

三、实验目的

（1）掌握线性、非线性元件伏安特性参数的逐点测试方法。
（2）掌握线性、非线性元件伏安特性曲线的绘制方法。
（3）掌握根据伏安特性判定元件类型的方法。

四、实验设备

见表 7-1。

表 7-1 实验设备

序号	名称	型号与规格	数量
1	可调直流稳压电源	0～30V	1
2	直流数字毫安表	0～500mA	1
3	直流数字电压表	0～300V	1
4	线性电阻器	1kΩ、200Ω、510Ω	1
5	二极管	1N4007	1
6	稳压管	2CW51	1

五、实验内容

（一）测定线性电阻器的伏安特性

按图 7-3 接线，依据表 7-2 中的数据，调节稳压电源的输出电压 U，从 0V 开始缓慢地增加，使得电压表的值从 0V 一直变化到 10V，记下相应的电流表读数，填入表 7-2。

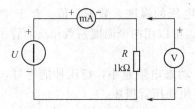

图 7-3 电阻器的伏安特性

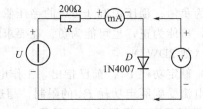

图 7-4 半导体二极管的正向伏安特性

（二）测定半导体二极管的伏安特性

1. 正向伏安特性实验

按图 7-4 接线，R 为限流电阻器。测二极管的正向特性时，其正向电流不得超过 25mA，二极管 D 的正向压降 U_{D+} 可在 0～0.75V 之间取值。依据表 7-3 中的数据，调节稳压电源的输出电压 U，使得电压表的值从 0V 一直变化到 0.75V，记下相应的电流表读数，填入表 7-3。

2. 反向伏安特性实验

测反向特性时,只需将图 7-4 中的电源反接,且其反向电压 U_{D-} 可加到 $-30V$,依据表 7-4 中的数据,进行相应的测量,记下相应的电流表读数,填入表 7-4。

(三) 测定稳压二极管的伏安特性

1. 正向伏安特性实验

按图 7-5 接线,R 为限流电阻器,稳压二极管为 2CW51,依据表 7-5 中的数据,调节稳压电源的输出电压 U,使得电压表的值从 $0V$ 一直到变化到 $0.75V$,记下相应的电流表读数,填入表 7-5。

2. 反向伏安特性实验

将图 7-5 中电源反接,测量 2CW51 的反向特性。依据表 7-6 中的数据,调节稳压电源,使得电压表的读数从 $0V$ 变化到 $-3.5V$,记下相应的电流表读数,填入表 7-6。

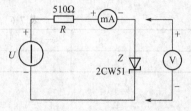

图 7-5 稳压二极管的正向伏安特性

六、实验注意事项

(1) 测二极管正向特性时,稳压电源输出应由小至大逐渐增加,应时刻注意电流表读数不得超过 25mA。稳压源输出端切勿碰线短路。

(2) 进行不同实验时,应先估算电压和电流值,合理选择仪表的量程,勿使仪表超量程,仪表的极性亦不可接错。

七、实验思考题

(1) 线性电阻与非线性电阻的概念是什么?电阻器与二极管的伏安特性有何区别?

(2) 设某器件伏安特性曲线的函数式为 $I = f(U)$,试问在逐点绘制曲线时,其坐标变量应如何放置?

(3) 稳压二极管与普通二极管有何区别?其用途如何?

八、实验报告

(1) 根据各实验结果数据,分别在方格纸上绘制出光滑的伏安特性曲线(其中二极管和稳压二极管的正、反向特性均要求画在同一张图中,正、反向电压可取为不同的比例尺)。

(2) 根据实验结果,总结、归纳被测各元件的特性。

九、实验数据

见表 7-2~表 7-6。

表 7-2 电阻器的伏安特性实验数据

U_R/V	0	2	4	6	8	10
I/mA						

表 7-3 二极管正向伏安特性实验数据

U_{D+}/V	0	0.30	0.50	0.55	0.60	0.65	0.70	0.75
I/mA								

表 7-4　二极管反向伏安特性实验数据

U_{D-}/V	0	−5	−10	−15	−20	−25	−30
I/mA							

表 7-5　稳压二极管正向伏安特性实验数据

U_{Z+}/V	0	0.2	0.4	0.45	0.5	0.55	0.6	0.65	0.7	0.75
I/mA										

表 7-6　稳压二极管反向伏安特性实验数据

U_{Z-}/V	0	−1.5	−2	−2.5	−2.8	−3	−3.2	−3.5
I/mA								

实验八　减小仪表测量误差的方法

一、背景知识

无论是在用电设备的安装、调试等过程中，还是在电器产品的检测过程中，电工仪表都得到了广泛的应用。但是电工仪表的测量结果并不十分精确，即使掌握了正确的使用方法，也会因为测量过程中的某些因素对测量结果产生一定的误差。因此，熟悉电工仪表的测量工作，正确应用电工仪表的测量技术，对测量误差能够做科学分析和最大限度避免测量误差是一个技术人员必须具备的技能之一。

在电学实验中经常要用到电流表及电压表，当把电流表或电压表接入电路当中的时候，由于电表内阻的影响会对测量结果带来很大的误差，特别是在被测电阻与电表内阻相近的情况下，测量误差会很大，但是如果使用测量计算的方法，即使是在电表准确度等级比较低的时候，也可以使测量结果的准确度大大提高。在使用电压表测量电压时，电压表的内阻越大测量结果越准确。实际使用时，要求电压表的内阻 R_V 远大于被测电路的内阻。在使用电流表测量电流时，电流表的内阻越小测量结果越准确。实际使用时，要求电流表的内阻 R_A 远小于被测电路的电阻。但在实际测量时，有时不满足这些要求，这样必然会产生一定的测量误差。为了减小因仪表内阻而产生的测量误差，可以采用不同量程两次测量法和同一量程进行两次测量法。

二、实验原理

减小因仪表内阻而引起的测量误差有"不同量程两次测量计算法"和"同一量程两次测量计算法"两种方法。

（一）不同量程两次测量计算法

当电压表的内阻不够高或电流表的内阻太大时，可对同一被测量利用多量程仪表的不同量程进行两次测量，所得的读数经计算后可得到较准确的结果。如图 8-1 所示电路，欲测量具有较大内阻 R_0 的电动势 U_s 的开路电压 U_0 时，如果所用电压表的内阻 R_V 与 R_0 相差不大或 $R_V = R_0$ 时，开路电压为

$$U_0 = \frac{R_V}{R_0 + R_V} \times U_s = U_S/2 \tag{8-1}$$

由式(8-1) 可以看出产生的测量误差很大。为了减小测量误差可采用不同量程两次测量计算法。

1. 电压测量

设电压表有两挡量程，U_1、U_2 分别为在这两个不同量程下测得的电压值，令 R_{V1} 和

R_{V2} 分别为这两个相应量程的内阻，则由图 8-1 可知

$$U_1 = \frac{R_{V1}}{R_0 + R_{V1}} \times U_s \tag{8-2}$$

$$U_2 = \frac{R_{V2}}{R_0 + R_{V2}} \times U_s \tag{8-3}$$

由以上两式可解得 U_s 和 R_0，其中 U_s（即 U_0）为

$$U_s = U_0 = \frac{U_1 U_2 (R_{V2} - R_{V1})}{U_1 R_{V2} - U_2 R_{V1}} \tag{8-4}$$

由式(8-4)可知，当电源内阻 R_0 与电压表的内阻 R_V 相差不大时，通过上述的两次测量结果，即可得出开路电压 U_0 的大小，它与电源内阻 R_0 的大小无关。

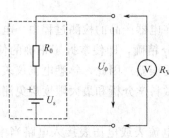

图 8-1 两次测量电压电路

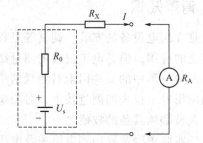

图 8-2 两次测量电流电路

2. 电流测量

对于电流表，当其内阻较大时，也可用不同量程两次测量计算的方法。如图 8-2 所示，不接入电流表时的电流为 $I = \dfrac{U_s}{R_0 + R_X}$，接入内阻为 R_A 的电流表 A 时，电路中的电流变为

$$I' = \frac{U_s}{R_0 + R_X + R_A} \tag{8-5}$$

当 $R_A = R_X + R_0$ 时，$I' = \dfrac{1}{2} I$，结果出现很大的误差。为了减小测量误差，可以用不同内阻 R_{A1}、R_{A2} 的两挡量程的电流表做两次测量并经简单的计算就可得到较准确的电流值。按图 8-2 电路，选择不同的量程做两次测量得

$$I_1 = \frac{U_s}{R_0 + R + R_{A1}} \tag{8-6}$$

$$I_2 = \frac{U_s}{R_0 + R + R_{A2}} \tag{8-7}$$

由以上两式可解得 U_s 和 R 进而可得

$$I = \frac{U_s}{R_0 + R} = \frac{I_1 I_2 (R_{A1} - R_{A2})}{I_1 R_{A1} - I_2 R_{A2}} \tag{8-8}$$

由式(8-8)可知，当电源内阻 R_0 与电流表的内阻 R_A 相差不大时，通过上述的两次测量结果，即可计算出电路中电流的大小，电流的大小与电源内阻 R_0 的大小无关。

(二) 同一量程两次测量计算法

如果电压表（或电流表）只有一挡量程，且电压表的内阻较小（或电流表的内阻较大）时，可用同一量程两次测量法减小测量误差。其中，第一次测量与一般的测量并无两样。第二次测量时必须在电路中串入一个已知阻值的附加电阻。

1. 电压测量

如图 8-3 所示，设电压表的内阻为 R_V。第一次测量，电压表的读数为 U_1。第二次测量时应与电压表串接一个已知阻值的电阻器 R，电压表读数为 U_2。由图 8-3 可知

$$U_1 = \frac{R_V U_s}{R_0 + R_V} \tag{8-9}$$

$$U_2 = \frac{R_V U_s}{R_0 + R + R_V} \tag{8-10}$$

由以上两式可解得 U_s 和 R_0，其中 U_s（即 U_0）为

$$U_s = U_0 = \frac{R U_1 U_2}{R_V (U_1 - U_2)} \tag{8-11}$$

通过上述的两次测量结果，即可计算出开路电压的大小，它与电源内阻 R_0 的大小无关。

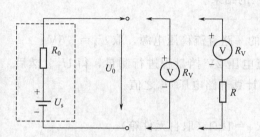

图 8-3　串电阻测量电压电路

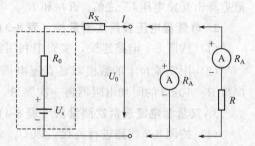

图 8-4　串电阻测量电流电路

2. 电流测量

如图 8-4 所示，设电流表的内阻为 R_A。第一次测量电流表的读数为 I_1。第二次测量时应与电流表串接一个已知阻值的电阻器 R，电流表读数为 I_2。由图 8-4 可知

$$I_1 = \frac{U_s}{R_0 + R_X + R_A} \tag{8-12}$$

$$I_2 = \frac{U_s}{R_0 + R_X + R + R_A} \tag{8-13}$$

由以上两式可解得 U_s 和 $R_0 + R_X$，从而可得

$$I = \frac{U_s}{R_0 + R_X} = \frac{I_1 I_2 R}{I_2 (R_A - R) - I_1 R_A} \tag{8-14}$$

由以上分析可知，当所用仪表的内阻与被测线路的电阻相差不大时，采用多量程仪表不同量程两次测量法或单量程仪表两次测量法，通过计算就可得到比单次测量准确得多的结果。

三、实验目的

（1）进一步了解电压表、电流表的内阻在测量过程中产生的误差及其分析方法。
（2）掌握减小因仪表内阻所引起的测量误差的方法。

四、实验设备

见表 8-1。

表 8-1　实验设备

序号	名称	型号与规格	数量
1	直流稳压电源	0～30V	1
2	数模双显直流电压表	0～300V	1
3	数模双显直流电流表	0～2A	1
4	元件箱	HE-19	1

五、实验内容

1. 双量程电压表两次测量法（表 8-2）

(1) 按图 8-1 电路连接，利用实验台上的一路直流稳压电源，取 $U_s = 1.5V$。

(2) 用实验台上的数模双显直流电压表的直流电压 2V 和 20V 两挡量程进行两次测量，最后算出开路电压 U_0' 之值。R_{2V} 和 R_{20V} 参照实验六的结果。

2. 单量程电压表两次测量法（表 8-3）

(1) 按图 8-3 电路连接，实验中利用实验台上的一路直流稳压电源，取 $U_s = 1.5V$。

(2) 用实验台上的数模双显直流电压表的直流电压 2V 挡量程进行测量，得 U_1。然后串接 $R = 10k\Omega$ 的附加电阻器再一次测量，得 U_2。计算开路电压 U_0' 之值。

3. 双量程电流表两次测量法（表 8-4）

(1) 按图 8-2 线路进行连接，取 $U_s = 1.5V$，$R_X = 1k\Omega$（取自元件箱）。

(2) 用实验台上的数模双显直流电压表的直流电流 2mA 和 20mA 两挡电流量程进行两次测量，计算出电路的电流值 I'。R_{2mA} 和 R_{20mA} 参照实验六的结果。

4. 单量程电流表两次测量法（表 8-5）

(1) 按图 8-4 电路连线，利用实验台上的一路直流稳压电源，取 $U_s = 1.5V$，$R_X = 1k\Omega$。

(2) 用实验台上的数模双显直流电流表的直流电流 2mA 挡量程进行测量，得 I_1。再串接附加电阻 $R = 30\Omega$ 进行第二次测量，得 I_2。求出电路中的实际电流 I' 之值。

六、实验注意事项

(1) 实验台上配有实验所需的恒流源，在开启电源开关前，应将恒流源的输出粗调拨到 2mA 挡，输出细调旋钮应调至最小。按通电源后，再根据需要缓慢调节。

(2) 当恒流源输出端接有负载时，如果需要将其粗调旋钮由低挡位向高挡位切换时，必须先将其细调旋钮调至最小。否则输出电流会突增，可能会损坏外接器件。

(3) 电压表应与被测电路并联使用，电流表应与被测电路串联使用，并且都要注意极性与量程的合理选择。

(4) 采用不同量程两次测量法时，应选用相邻的两个量程，且被测值应接近于低量程的满偏值。否则，当用高量程测量较低的被测值时，测量误差会较大。

(5) 在实际测量中，一般应先用最高量程挡去测量被测值，粗知被测值后再选用合适的挡位进行准确测量。

七、实验思考题

简述减小仪表测量误差的基本原理及计算方法。

八、实验报告

（1）完成各项实验内容的计算。
（2）实验的收获与体会。

九、实验数据

见表 8-2～表 8-5。

表 8-2　双量程电压表两次测量法实验数据

直流电压表量程	电压表内阻值 /kΩ	两个量程的测量值 U_1、U_2/V	实际开路电压 U_0/V	两次测量计算值 U_0'/V	U_1、U_2 的相对误差/%	U_0' 的相对误差/%
2V		$U_1 =$	1.5			
20V		$U_2 =$				

表 8-3　单量程电压表两次测量法实验数据

实际开路电压 U_0/V	两次测量值		测量计算值 U_0'/V	U_1 的相对误差/%	U_0' 的相对误差/%
	U_1/V	U_2/V			
1.5V					

表 8-4　双量程电流表两次测量法实验数据

直流电流表量程	电流表内阻值 /Ω	两个量程的测量值 I_1、I_2/mA	电流计算值 I /mA	两次测量计算值 I'/mA	I_1、I_2 的相对误差/%	I' 的相对误差/%
2mA		$I_1 =$	1.5			
20mA		$I_2 =$				

表 8-5　单量程电流表两次测量法实验数据

实际电流值 I/mA	两次测量值		测量计算值 I'/mA	I_1 的相对误差/%	I' 的相对误差/%
	I_1/mA	I_2/mA			
1.5mA					

实验九　电位、电压的测定及电路电位图的测绘

一、背景知识

近年来，电位图技术在医学领域内的应用有了长足发展，体表电位图系统在许多国家已经相继开发研制出来。所谓体表电位图技术（Body Surface Potential Mapping）是指从人体表面足够多的点同时记录心电信号，经数据处理之后以体表等电位图的方式表达心电位在体表的分布规律及其与时间的关系，从而反映心脏电兴奋的动态过程。自 20 世纪 60 年代以来，人们已经发现体表电位图能够获取包含在体表的比心电图和心电向量图更为丰富的心电信息。体表电位检测数据量大，精度要求高，一般要借助计算机实现。

体表电位图系统的功能，通常包括数据收集、数据处理与显示两部分。数据收集在于对体表多通道心电信号进行同时采样，并将采集的数据存入计算机系统的内存或外存。数据收集系统应具有较高的输入阻抗、较强的共模抑制能力、良好的安全性。各通道的性能参数应具有一致性。体表电位系统的导联数目，从几十到一百以上不等。通常，以临床诊断为主的，导联数少些；而以理论研究为主的，导联数较多。数据收集的时间采样率，以每秒 500 帧或每秒 1000 帧最为常见。体表电位数据处理的典型任务可归为以下四类。

① 数据预处理。旨在改善原始输入信号的质量。

② 数据处理与显示。旨在以各种方式提供体表电位信息的视觉表达。

③ 特征抽取。在于给出重要参数的功能图像。

④ 模式识别。是由计算机自动区分正常与各种病理的体表电位模式。

体表电位图是在胸表面展开图中以等电位线的形式表达心电位的分布规律的图形，其时间序列能够反映心脏除极与复极的动态过程。目前，体表电位图尚未国际标准化，但其基本形式类似。

如图 9-1 所示，胸表面展开图，自左至右分别对应右前胸、左前胸、左后背、右后背；图中，"MAX""MIN"分别表明体表电位分布的最大值与最小值位置；电位值以 μV 为单位给出；等电位线之间的电位差，以增量方式分配，基本增量是 0.1mV。每张等电位图的时间，由标准导联 II 的 QRS 开始时刻计算，单位是 ms。

体表电位分布与心脏电兴奋过程的关系，经体表电位检测、动物实验、解剖比较、心电仿真等基础研究，已获得重要结论。如正常心脏兴奋由右心室内膜到达外膜而出现所谓右心室穿透时，在体表等电位图上将出现切踪（notch）、伪足（pseudopodia）、鞍（saddle）等模式。又如心肌梗死患者的体表电位图，QRS 前期将在梗死部位出现相应的异常负区。

临床评价表明，体表电位图对于急性和陈旧性心肌梗死、心绞痛、右心室或左心室肥大、右束支传导阻滞、预激综合征等疾病的诊断，能够提供更为详尽的细节。体表电位图结合其他半定量方法，可确定梗死的部位和范围，并能预测病情的预后或发展。体表电位图对

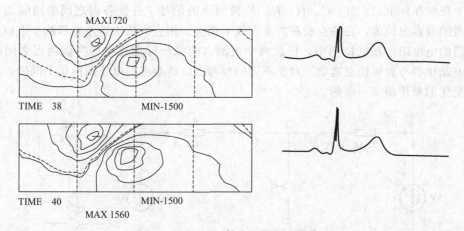

图 9-1　体表电位图

预激综合征附加传导通路阻滞的定位有较高的阳性率，且可做精细的分类。基于体表电位检测，某些新的诊断方法正在取得进展，如等时图、等面积图、差电位图、∑ST 图和 nST 图。到目前为止，体表电位图对于各种心律失常的诊断，尚不如常规心电图有效。

体表电位图技术对于心电理论的研究具有重要价值。由体表电位分布，可求解心电源，即求解心电逆问题（inverse problem）。由于心电源是三维分布的，故逆问题的解，一般不具备唯一性。当前，从体表电位分布计算心外膜电位分布的逆问题的研究正在取得进展。

医学上的体表电位图技术的理论基础就是电工学中的电位、电压的测定及电位图的测绘。具体应用这一理论时，还要应用到采样保持和 A/D 转换等技术，这些技术也是电工与电子技术中的重要内容，应该认真掌握。

二、实验原理

在分析电子电路时，通常要应用"电位"这个概念。譬如对二极管讲，只有当它的阳极电位高于阴极电位时，二极管才能导通。在讨论三极管的工作状态时，也要分析各极电位的高低。本实验课讨论电位、电压的概念和测量电位、电压的方法。

1. 参考点（参考点位）

就像人们以海平面作为衡量地理位置所处高度的参考平面一样，在计算电位时也必须选定电路中某一点作为参考点，并规定该点的电位为零。参考点就是零电位点。在电力工程中规定大地为零电位的参考点；在电子电路中选择若干导线连接的公共点或机壳作为参考点；电路分析时可以任意选择某一点作为参考点。

2. 电位

电路中某点电位等于该点与参考点之间的电压。参考点选择的不同，电路中各点电位就不同。在一个确定的闭合电路中，各点电位的高低视所选的电位参考点的不同而变，但任意两点间的电位差（即电压）则是绝对的，它不因参考点电位的变动而改变。据此性质，我们可用一只电压表来测量出电路中各点相对于参考点的电位及任意两点间的电压。

3. 电位图

电位图是一种平面坐标系统中一、四两象限内的折线图。其横坐标为各被测点，纵坐标为各被测点所对应的电位值。要制作某一电路的电位图，先以一定的顺序对电路中各被测点编号。以图 9-2 的电路为例，图中的 A、B、C、D、E、F 为电路中各被测点的编号。在坐标横轴上按顺序标上 A、B、C、D、E、F 被测点的编号,并使各点之间的间隔均匀。再根据测得的各点电位值,在各点所在的垂直线上描点。用直线依次连接相邻两个电位点,即得该电路的电位图。在电位图中,任意两个被测点的纵坐标值之差即为该两点之间的电压值。在电路中参考点可任意选定。对于不同的参考点,所绘出的电位图形是不同的,但其各点电位变化的规律却是一样的。

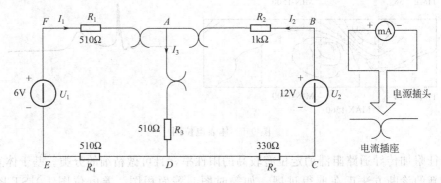

图 9-2 电位、电压测量电路

三、实验目的

(1) 深入理解电路中电位的相对性、电压的绝对性。
(2) 掌握电路中电位、电压的测量方法。
(3) 掌握电路电位图的绘制方法。

四、实验设备

见表 9-1。

表 9-1 实验设备

序号	名称	型号与规格	数量
1	直流可调稳压电源	0~30V	1
2	万用表		1
3	直流数字电压表	0~300V	1
4	电位、电压测定实验电路板		1

五、实验内容

1. A 点为参考点时电位、电压的测量

(1) 利用 HE-12 实验箱上的"基尔霍夫定律/叠加原理"线路,按图 9-2 接线。

(2) 分别将两路直流稳压电源接入电路,令 $U_1 = 6V$,$U_2 = 12V$(先调准输出电压值,再接入实验线路中)。

(3) 以图 9-2 中的 A 点作为电位的参考点,分别测量 B、C、D、E、F 各点的电位值 U 及相邻两点之间的电压值 U_{AB}、U_{BC}、U_{CD}、U_{DE}、U_{EF} 及 U_{FA},测得数据记入表 9-2。

(4) 在数据表"计算值"一栏中,$U_{AB} = U_A - U_B$,$U_{BC} = U_B - U_C$,其余类推。

2. D 点为参考点时电位、电压的测量

(1) 利用 HE-12 实验箱上的"基尔霍夫定律/叠加原理"线路,按图 9-2 接线。

（2）分别将两路直流稳压电源接入电路，令 $U_1 = 6V$，$U_2 = 12V$（先调准输出电压值，再接入实验线路中）。

（3）以图 9-2 中的 D 点作为电位的参考点，分别测量 A、B、C、E、F 各点的电位值 U 及相邻两点之间的电压值 U_{AB}、U_{BC}、U_{CD}、U_{DE}、U_{EF} 及 U_{FA}，测得数据记入表 9-2。

六、实验注意事项

（1）本实验线路板系多个实验通用，本次实验中不使用电流插头和插座。HE-12 上的 K_3 应拨向 330Ω 侧，三个故障按键均不得按下。

（2）测量电位时，用指针式万用表的直流电压挡或用数字直流电压表测量时，用负表棒（黑色）接参考电位点，用正表棒（红色）接被测各点。若指针正向偏转或数显表显示正值，则表明该点电位为正，即高于参考点电位；若指针反向偏转或数显表显示负值，此时应调换万用表的表棒，然后读出数值，此时在电位值之前应加一负号，表明该点电位低于参考点电位。数显表也可不调换表棒，直接读出负值。

七、实验思考题

若以 F 点为参考电位点，实验测得各点的电位值；再以 E 点为参考电位点，试问此时各点的电位值应有何变化？

八、实验报告

（1）根据实验数据，绘制两个电位图形，并对照观察各对应两点间的电压情况。两个电位图的参考点不同，但各点的相对顺序应一致，以便对照。

（2）完成数据表格中的计算，对误差做必要的分析。

（3）总结电位相对性和电压绝对性的原理。

九、实验数据

见表 9-2。

表 9-2　电位、电压测量实验数据　　　　　　　　　　　　　　　　单位：V

参考点	U	U_A	U_B	U_C	U_D	U_E	U_F	U_{AB}	U_{BC}	U_{CD}	U_{DE}	U_{EF}	U_{FA}
	计算值												
A	测量值												
	相对误差												
	计算值												
D	测量值												
	相对误差												

实验十　最大功率传输条件的测定

一、背景知识

在通信系统和测量仪器的电路分析和设计过程中，经常会遇到的一个问题就是负载的值是多大的时候可以获得最大功率？以及最大功率为多少？这就是最大功率传输问题。

但需要特别注意的是，在应用最大功率传输定理时，往往忽略另外一个重要的问题，就是必须要注意这个定理使用的前提条件，否则可能得出错误结论。通过下面的问题来分析说明。

图 10-1 所示电路中，电阻 R 可以调节，电源 $\dot{U}_s = 200\angle 0° \text{V}$。试求 R 为多大时，电源 $\dot{U}_s$ 发出的有功功率最大？

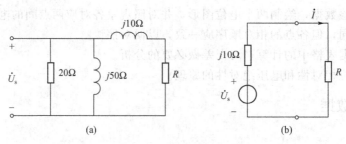

图 10-1　最大功率传输问题

有功功率的实质是电路中电阻上消耗的功率。由给定的电路可知图中 20Ω 电阻上消耗的功率是一定值，它不随电阻 R 的变化而发生改变。由电路图还可以看出，电源 $\dot{U}_s$ 发出的有功功率由两部分组成，其一为 20Ω 电阻所吸收的功率，通过计算可知为 2000W；其二为可变电阻 R 所吸收的功率。故上述电路中，当可变电阻 R 上获得最大功率时对应电源发出的有功功率最大，所以此题讨论的是负载什么时候能够获得最大功率，即最大功率传输问题。对上面的问题应用戴维宁定理，可以得到简化的电路。由电路的结构和参数可以得到戴维宁定理的等效电路参数为开路电压 $\dot{U}_{oc} = \dot{U}_s$，等效阻抗 $Z_{eq} = j10\Omega$。

由于求得的等效阻抗 $Z_{eq} = j10\Omega$ 只有虚部电抗分量，而负载阻抗只有实部电阻分量，故不可能满足最佳匹配的条件 $Z_L = Z_{eq}$，所以如果直接套用公式，必将得出错误的结果。那么最大功率传输定理还能不能用了？负载还会不会获得最大有功功率？这类问题出现的原因就是对最大功率传输定理的使用条件不明确，因此必须强调该定理的使用条件，即给定线性含源-端口电路的等效电源和等效阻抗一定，而负载阻抗 Z_L 的电阻分量 R 和电抗分量 X 两者都可调。因为 $Z_L = Z_{eq}$ 的结论是在功率 P 的二元函数对自变量 R 和 X 求极值的条件下得出的，所以当负载阻抗 Z_L 不满足 R 和 X 都可调时，就不可直接套用公式，否则将得出错误的结论。

由于本题不满足负载阻抗 Z_L 的电阻分量 R 和电抗分量 X 两者都可调，所以必须从功率 P 的函数入手求出。

从上述分析可知

$$\dot{U}_{oc} = \dot{U}_s = 200\angle 0°\text{V}, \quad Z_{eq} = j10\Omega, \quad Z_L = R$$

所以有 $I = \dfrac{U_s}{\sqrt{R^2+10^2}}$ ，则 $P = RI^2 = \dfrac{RU_s^2}{R^2+10^2}$ 。

可知功率 P 是关于变量 R 的一元函数，所以极值可由 $\dfrac{dP}{dR}=0$ 得出。经过计算可得，当 $R=10\Omega$ 时，负载可获得最大有功功率为 2000W 。而由上述分析可知，电源 $\dot{U}_s$ 发出的最大有功功率为两部分的和，即 $2000\text{W}+2000\text{W}=4000\text{W}$ 。

二、实验原理

1. 电源与负载功率的关系

图 10-2 可视为由一个电源向负载输送电能的模型，R_0 可视为电源内阻和传输线路电阻的总和，R_L 为可变负载电阻。

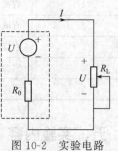

图 10-2　实验电路

负载 R_L 上消耗的功率 P 可由下式表示。

$$P = I^2 R_L = \left(\dfrac{U}{R_0+R_L}\right)^2 R_L \tag{10-1}$$

当 $R_L=0$ 或 $R_L=\infty$ 时，电源输送给负载的功率均为零。而以不同的 R_L 值代入式(10-1)可求得不同的 P 值，其中必有一个 R_L 值，使负载从电源处获得最大的功率。

2. 负载获得最大功率的条件

根据数学求最大值的方法，令负载功率表达式中的 R_L 为自变量，P 为因变量，并令 $\dfrac{dP}{dR_L}=0$ ，即

$$\dfrac{dP}{dR_L} = \dfrac{[(R_0+R_L)^2 - 2R_L(R_L+R_0)]U^2}{(R_0+R_L)^4} = 0 \tag{10-2}$$

令 $(R_L+R_0)^2 - 2R_L(R_L+R_0)=0$ ，解得

$$R_L = R_0$$

当满足 $R_L=R_0$ 时，负载从电源获得的最大功率为

$$P_{MAX} = \left(\dfrac{U}{R_0+R_L}\right)^2 R_L = \left(\dfrac{U}{2R_L}\right)^2 R_L = \dfrac{U^2}{4R_L} \tag{10-3}$$

这时，称此电路处于匹配工作状态。

3. 匹配电路的特点及应用

在电路处于匹配状态时，电源本身要消耗一半的功率。此时电源的效率只有 50% 。显然，这对电力系统的能量传输过程是绝对不允许的。发电机的内阻是很小的，电路传输的最主要指标是要高效率送电，最好是 100% 的功率均传送给负载。为此负载电阻应远大于电源的内阻，即不允许运行在匹配状态。而在电子技术领域里却完全不同。一般的信号源本身功率较小，且都有较大的内阻。而负载电阻（如扬声器等）往往是较小的定值，且希望能从电

源获得最大的功率输出，而电源的效率往往不予考虑。通常设法改变负载电阻，或者在信号源与负载之间加阻抗变换器（如音频功放的输出级与扬声器之间的输出变压器），使电路处于工作匹配状态，以使负载能获得最大的输出功率。

三、实验目的

（1）掌握负载获得最大传输功率的条件。
（2）了解电源输出功率与效率的关系。

四、实验设备

见表 10-1。

表 10-1　实验设备

序号	名称	型号与规格	数量
1	直流电流表	0～500mA	1
2	直流电压表	0～300V	1
3	直流稳压电源	0～30V	1
4	实验箱	HE-11	1
5	元件箱	HE-19	1

五、实验内容

（1）利用相关器件及屏上的电流插座，参照图 10-3 接线。图中的电源 U_s 接直流稳压电源，负载 R_L 取自元件箱 HE-19 的电阻箱。

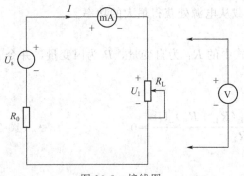

图 10-3　接线图

（2）开启稳压电源开关，调节其输出电压为 10V，之后关闭该电源，通过导线将其输出端接至实验线路 U_s 两端。

（3）设置 $R_0 = 100\Omega$，开启稳压电源，用直流电压表按表 10-2 中的内容进行测量，即令 R_L 在 0～1kΩ 范围内变化时，分别测出 U_0、U_L 及 I 的值，并填入表 10-2 中。表中 U_0、P_0（$=U_0 \times I$）分别为稳压电源的输出电压和功率，U_L、P_L（$=U_L \times I$）分别为 R_L 两端的电压和功率，I 为电路的电流。

（4）改变内阻值为 $R_0 = 300\Omega$，输出电压 $U_s = 15V$，重复上述测量。

六、实验注意事项

（1）实验前要了解智能电压电流表的使用与操作方法。
（2）在最大功率附近处可多测几点。

七、实验思考题

（1）电力系统进行电能传输时为什么不能工作在匹配工作状态？
（2）实际应用中，电源的内阻是否随负载而变？

（3）电源电压的变化对最大功率传输的条件有无影响？

八、实验报告

（1）整理实验数据，分别画出两种不同内阻下的下列各关系曲线。

I-R_L，U_0-R_L，U_L-R_L，P_0-R_L，P_L-R_L

（2）根据实验结果，说明负载获得最大功率的条件是什么？

九、实验数据

见表 10-2。

表 10-2　实验数据

	R_L/Ω					1kΩ	∞
	U_0/V						
$U_s=10V$	U_L/V						
$R_{01}=100\Omega$	I/mA						
	P_0/W						
	P_L/W						
	R_L/Ω					1kΩ	∞
	U_0/V						
$U_s=15V$	U_L/V						
$R_{02}=300\Omega$	I/mA						
	P_0/W						
	P_L/W						

实验十一 三相电路电压、电流的测量

一、背景知识

目前，世界各国电力系统中电能的生产、传输和供电方式绝大多数采用三相制。三相电力系统是由三相电源、三相负载和三相输电线路三部分组成的。三相电路比单相电路具有更多的优越性。从发电方面看，同样尺寸的发电机，采用三相电路比单相电路可以增加输出功率；从输电方面看，在相同的输电条件下，三相电路可以节约铜线；从配电方面看，三相变压器比单相变压器经济，而且便于接入三相或单相负载；从用电方面看，常用的三相电动机具有结构简单、运行平稳可靠等优点。

下面将以某学校的配电系统为例，介绍三相低压电的输送与分配。低压配电线路由配电室（配电箱）、低压线路和用户线路组成。通常一个低压配电线路负责几十甚至几百用户的供电。为有效地管理线路，提高供电可靠性，一般采用分级供电方式，即按照用户地域或空间分布，将用户划分成供电区和片，通过干线、支线向区、片供电，然后再向用户供电，图11-1所示为某学校实验楼供电示意图。用户负载有两种，一种是车间、实验室等需要使用三相电的场所（统称动力负载），另一种是行政办公和居民生活等需要使用单相电的场所（统称照明负载）。在比较大的工厂企业中，还可能设总配电室和多个分配电室。三相电通过干线进入实验楼后，经总配电箱再到各层配电箱，然后再经分支线到各房间配电箱。通常在总配电箱将三相电分成三个独立的单相电源，供给各层配电箱电能，再送到各房间配电箱和照明负载。在分配照明负载时，要对负载大小进行估计，使三相负载尽可能平衡。对于动力用

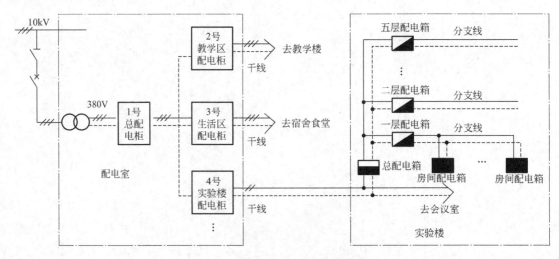

图 11-1 某学校实验楼供电示意图

电（例如消防水泵、实验用三相电动机等），一般由总配电箱直接引入，而不与照明电混用。

二、实验原理

（一）三相电源

由三个频率相同、振幅相同、相位互差120°的正弦电压源所构成的电源称为三相电源。由三相电源供电的电路称为三相电路。以 u_A 为参考正弦量，它们的瞬时值表达式为

$$\begin{cases} u_A = U_m \sin\omega t \\ u_B = U_m \sin(\omega t - 120°) \\ u_C = U_m \sin(\omega t + 120°) \end{cases} \tag{11-1}$$

式中，ω 为正弦电压变化的角频率；U_m 为相电压幅值。

用有效值相量表示为

$$\begin{cases} \dot{U}_A = U\angle 0° \\ \dot{U}_B = U\angle -120° \\ \dot{U}_C = U\angle -240° = U\angle 120° \end{cases} \tag{11-2}$$

若将一组对称三相电压作为一组电源的输出，则构成一组对称三相电源，其电动势和相量图如图11-2。

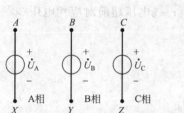
图 11-2　三相电源电动势及其相量

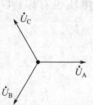

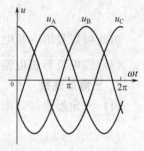
图 11-3　三相电源波形

三相电源波形如图11-3所示。

对称三相电源的三个相电压瞬时值之和为零，其表达式为

$$u_A + u_B + u_C = 0 \ \text{或} \ \dot{U}_A + \dot{U}_B + \dot{U}_C = 0 \tag{11-3}$$

对称三相电压到达正（负）最大值的先后次序 $A \rightarrow B \rightarrow C \rightarrow A$（顺序）、$A \rightarrow C \rightarrow B \rightarrow A$（逆序）。

（二）三相电路负载的连接

对称负载的连接方式有两种，即星形（Y）连接和三角形（△）连接。Y连接为3个末端连接在一起引出中线，由3个首端引出3条火线。而△连接为将三相绕组的首、末端依次相连，从3个点引出3条火线。

1. 星形连接

（1）负载星形连接如图11-4所示。

（2）常用术语。

端线：由电源始端引出的连接线。

中线：连接 N、N' 的连接线。

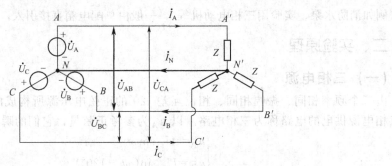

图 11-4　负载星形连接

相电压：指每相电源（负载）的端电压。

线电压：指两端线之间的电压。

相电流：流过每相电源（负载）的电流。

线电流：流过端线的电流。

中线电流：流过中线的电流。

（3）线电压与相电压的关系。

$$\begin{cases} \dot{U}_{AB}=\dot{U}_A-\dot{U}_B=\dot{U}_A(1+1\angle-120°)=\sqrt{3}\angle30°\dot{U}_A \\ \dot{U}_{BC}=\dot{U}_B-\dot{U}_C=\sqrt{3}\angle30°\dot{U}_B \\ \dot{U}_{CA}=\dot{U}_C-\dot{U}_A=\sqrt{3}\angle30°\dot{U}_C \end{cases} \quad (11\text{-}4)$$

由此可以看出，相电压对称，线电压也对称；$U_1=\sqrt{3}U_p$；线电压超前对应相电压30°。

（4）线电流与相电流的关系，$\dot{I}_1=\dot{I}_p$。

2. 三角形连接

（1）三角形连接如图 11-5 所示。

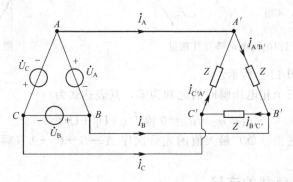

图 11-5　三角形连接

（2）线电压与相电压的关系，$\dot{U}_1=\dot{U}_p$。

（3）线电流与相电流的关系。

$$\begin{cases} \dot{I}_A=\dot{I}_{A'B'}-\dot{I}_{C'A'}=\sqrt{3}\angle-30°\dot{I}_{A'B'} \\ \dot{I}_B=\dot{I}_{B'C'}-\dot{I}_{A'B'}=\sqrt{3}\angle-30°\dot{I}_{B'C'} \\ \dot{I}_C=\dot{I}_{C'A'}-\dot{I}_{B'C'}=\sqrt{3}\angle-30°\dot{I}_{C'A'} \end{cases} \quad (11\text{-}5)$$

由此可以看出，相电流对称、线电流也对称；$I_1=\sqrt{3}I_p$；线电流滞后对应相电流30°。

3. 对称三相电路的计算

（1）星形连接。

① 三相四线制。三相四线制连接如图 11-6 所示，求负载的相电流。

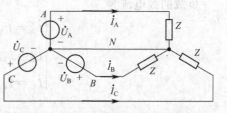

图 11-6　对称三相电路三相四线制连接

设电源相电压 $\dot{U}_A$ 为参考正弦量，则

$$\dot{U}_A = U_A\angle 0°, \quad \dot{U}_B = U_B\angle -120°, \quad \dot{U}_C = U_C\angle 120° \tag{11-6}$$

由于电源相电压即每相负载电压，于是每相负载电流可分别求出，即

$$
\begin{cases}
\dot{I}_A = \dfrac{\dot{U}_A}{Z} = \dfrac{U_p\angle 0°}{|Z|\angle \varphi_z} = \dfrac{U_p}{|Z|}\angle -\varphi_z \\[2mm]
\dot{I}_B = \dfrac{\dot{U}_B}{Z} = \dfrac{U_p\angle -120°}{|Z|\angle \varphi_z} = \dfrac{U_p}{|Z|}\angle(-120°-\varphi_z) \\[2mm]
\dot{I}_C = \dfrac{\dot{U}_C}{Z} = \dfrac{U_p\angle 120°}{|Z|\angle \varphi_z} = \dfrac{U_p}{|Z|}\angle(120°-\varphi_z)
\end{cases} \tag{11-7}
$$

$$\dot{I}_A + \dot{I}_B + \dot{I}_C = 0 \tag{11-8}$$

可见，中线中没有电流。其中相电流为负载中的电流，线电流为火线中的电流，从图 11-6 看出 $I_l = I_p$。

② 三相三线制。此时无中线，其余与三相四线制相同。

（2）三角形连接如图 11-7 所示。

由图 11-7 可以看出，在三角形连接中，各相负载都直接接在电源的线电压上，所以负载的相电压与电源的线电压相等，因此不论负载对称与否，其相电压总是对称的，即

$$U_{AB} = U_{BC} = U_{CA} = U_l = U_p \tag{11-9}$$

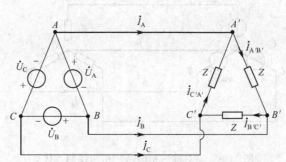

图 11-7　对称三相电路三角形连接

各相负载的相电流为

$$
\begin{cases}
\dot{I}_{AB} = \dfrac{\dot{U}_{AB}}{Z} = \dfrac{U_p\angle 0°}{|Z|\angle \varphi_z} = \dfrac{U_p}{|Z|}\angle -\varphi_z \\[2mm]
\dot{I}_{BC} = \dfrac{\dot{U}_{BC}}{Z} = \dfrac{U_p\angle -120°}{|Z|\angle \varphi_z} = \dfrac{U_p}{|Z|}\angle(-120°-\varphi_z) \\[2mm]
\dot{I}_{CA} = \dfrac{\dot{U}_{CA}}{Z} = \dfrac{U_p\angle 120°}{|Z|\angle \varphi_z} = \dfrac{U_p}{|Z|}\angle(120°-\varphi_z)
\end{cases} \tag{11-10}
$$

负载的线电流为

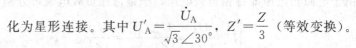

$$\begin{cases} \dot{I}_A = \dot{I}_{AB} - \dot{I}_{CA} = \sqrt{3}\,I_{AB}\angle -30° \\ \dot{I}_B = \dot{I}_{BC} - \dot{I}_{AB} = \sqrt{3}\,I_{BC}\angle -30° \\ \dot{I}_C = \dot{I}_{CA} - \dot{I}_{BC} = \sqrt{3}\,I_{CA}\angle -30° \end{cases} \tag{11-11}$$

$$I_1 = \sqrt{3}\,I_p \tag{11-12}$$

星形连接时，相电流和线电流的关系如图 11-8 所示。

运用上述星形连接计算结果，将三角形连接进行等效变换，

化为星形连接。其中 $U'_A = \dfrac{\dot{U}_A}{\sqrt{3}\angle 30°}$，$Z' = \dfrac{Z}{3}$（等效变换）。

总之，三相负载可接成星形（又称Y接）或三角形（又称△接）。当三相对称负载作Y形连接时，线电压 U_1 是相电压 U_p 的 $\sqrt{3}$ 倍。线电流 I_1 等于相电流 I_p，即 $U_1 = \sqrt{3}\,U_p$，$I_1 = I_p$，在这种情况下，流过中线的电流 $I_0 = 0$，所以可以省去中线。当对称三相负载作△形连接时，有 $I_1 = \sqrt{3}\,I_p$，$U_1 = U_p$。

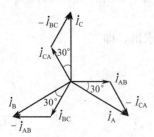

图 11-8　星形连接时相
电流和线电流关系

4. 不对称三相电路的计算

（1）星形连接。

① 三相四线制连接如图 11-9 所示。其特点是三相相互独立，互不影响。

由于 $Z_A \neq Z_B \neq Z_C$，则 $\dot{I}_A = \dfrac{\dot{U}_A}{Z_A}$，$\dot{I}_B = \dfrac{\dot{U}_B}{Z_B} \neq \dot{I}_A \angle -120°$，$\dot{I}_c = \dfrac{\dot{U}_C}{Z_C} \neq \dot{I}_A \angle 120°$，可得 $\dot{I}_N = \dot{I}_A + \dot{I}_B + \dot{I}_C \neq 0$，因而可见，中线上有电流通过。

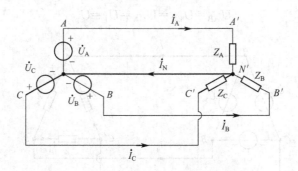

图 11-9　不对称三相电路三相四线制连接

② 三相三线制连接如图 11-10 所示。

$$\dot{U}_{N'N} = \dfrac{\dfrac{\dot{U}_A}{Z_A} + \dfrac{\dot{U}_B}{Z_B} + \dfrac{\dot{U}_C}{Z_C}}{\dfrac{1}{Z_A} + \dfrac{1}{Z_B} + \dfrac{1}{Z_C}} \neq 0 \tag{11-13}$$

式(11-13)说明负载中性点 N' 与电源中性点 N 之间有电位差，使得负载的相电压不在对称。特点是三相相互影响，互不独立。通过分析，在三相四线制配电系统中，保险丝不能装在中线上。

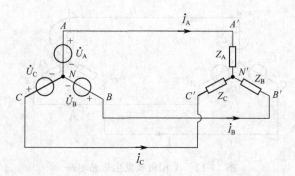

图 11-10 不对称三相电路三相三线制连接

③ 三相三线制时对称负载的几个特例。

特例 1：对称负载的断相

三相对称负载正常运行时的线电流为 $I_A = I_B = I_C = I_p = \dfrac{U_p}{|Z|}$。

现 A 相负载发生断相，电路如图 11-11 所示。

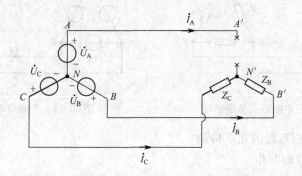

图 11-11 A 相负载发生断相电路

$A'N'$断相，各相电流值为

$$I_A = 0 、 I_B = I_C = \frac{U_1}{2|Z|} = \frac{\sqrt{3}\,U_p}{2|Z|} = 0.866 I_p \tag{11-14}$$

特例 2：对称负载的短路

三相对称负载正常运行时的线电流为 $I_A = I_B = I_C = I_p = \dfrac{U_p}{|Z|}$。

现 A 相负载发生短路，电路如图 11-12 所示。

$A'N'$短路时电流关系为

$$\begin{cases} I_B = I_C = \dfrac{U_1}{|Z|} = \sqrt{3}\,I_p \\ \dot{I}_A = -\dot{I}_B - \dot{I}_C = -\dfrac{\dot{U}_{BA}}{Z} - \dfrac{\dot{U}_{CA}}{Z} = \dfrac{\dot{U}_{AB} - \dot{U}_{CA}}{Z} \end{cases} \tag{11-15}$$

（2）三角形连接如图 11-13 所示。

其负载相电流和线电流为

53

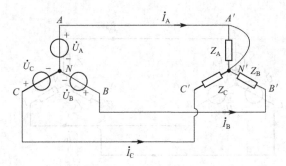

图 11-12　A 相负载发生短路电路

$$\begin{cases} \dot{I}_{A'B'}=\dfrac{\dot{U}_A}{Z_A} \qquad \dot{I}_{B'C'}=\dfrac{\dot{U}_B}{Z_B} \qquad \dot{I}_{C'A'}=\dfrac{\dot{U}_C}{Z_C} \\[2mm] \dot{I}_A=\dot{I}_{A'B'}-\dot{I}_{C'A'} \qquad \dot{I}_B=\dot{I}_{B'C'}-\dot{I}_{A'B'} \qquad \dot{I}_C=\dot{I}_{C'A'}-\dot{I}_{B'C'} \end{cases} \tag{11-16}$$

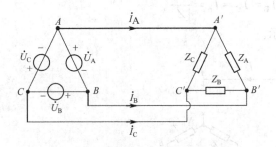

图 11-13　不对称三相电路三角形连接

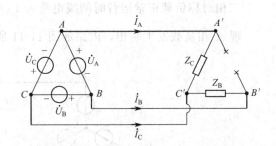

图 11-14　A 相负载发生断相电路

三角形连接时对称负载的几个特例。

特例 1：对称负载的断相

对称时，$I_A=I_B=I_C=\sqrt{3}\dfrac{U_1}{|Z|}$。

现 A 相负载发生断相，电路如图 11-14 所示。

$A'B'$ 断相时电流为 $I_A=I_B=\dfrac{U_1}{|Z|}$，$I_C=\sqrt{3}\dfrac{U_1}{|Z|}$。

特例 2：对称负载的短路

对称时，$I_A=I_B=I_C=\sqrt{3}\dfrac{U_1}{|Z|}$。

现 A 相负载对称负载发生短路，电路如图 11-15 所示，则电源短接烧掉。

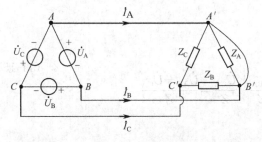

图 11-15　A 相负载对称负载发生短路电路

从上文可见，不对称三相负载作 Y 连接时，必须采用三相四线制接法，即 Y_0 接法。而且中线必须牢固连接，以保证三相不对称负载的每相电压维持对称不变。倘若中线断开，会导致三相负载电压的不对称，致使负载轻的那一相的相电压过高，使负载遭受损坏；负载重的那一相相电压又过低，使负载不能正常工作。尤其是对于三相照明负载，无条件地一律采用Y₀接法。中线的作用在于使星形连接的不对称负载得到相等的相电压。为了确保零线在运行中不断开，其上不允许接保险丝也不允许接刀闸。

综上所述，负载不对称时，各相电压、电流单独计算。当不对称负载作△连接时，$I_L \neq \sqrt{3} I_p$，但只要电源的线电压 U_L 对称，加在三相负载上的电压仍是对称的，对各相负载工作没有影响。负载对称时，电压对称、电流对称，只需计算一相，三相电路的计算要特别注意相位问题。负载Y形接法对称负载时，$\dot{I}_l = \dot{I}_p$，$\dot{U}_l = \sqrt{3} \dot{U}_p \angle 30°$；负载△形接法对称负载时，$\dot{U}_l = \dot{U}_p$，$\dot{I}_l = \sqrt{3} \dot{I}_p \angle -30°$。

三、实验目的

（1）练习三相负载的星形连接、三角形连接以及了解两者之间的区别以及选择方法。
（2）了解三相电路线电压与相电压、线电流与相电流之间的关系。
（3）了解三相四线制供电系统中中线的作用。
（4）观察线路故障时的情况，进一步提高分析、判断和查找故障的能力。

四、实验设备

见表 11-1。

表 11-1　实验设备

序号	名称	型号与规格	数量
1	交流电压表	0～450V	1
2	交流电流表	0～5A	1
3	万用表		1
4	三相自耦调压器		1
5	三相灯组负载	220V,25W 白炽灯	9
6	电门插座		3

五、实验内容

1. 三相负载星形连接（三相四线制供电）

（1）按图 11-16 线路组接实验电路，接通三相对称电源。将三相调压器的旋柄置于输出为 0V 的位置（即逆时针旋到底）。检查合格后，开启实验台电源，调节调压器的输出，使输出的三相线电压为 220V。

（2）分别测量三相负载的线电压、相电压、线电流、相电流、中线电流、电源与负载中点间的电压。

（3）将所测得的数据记入表 11-2 中，并观察各相灯组亮暗的变化程度，特别要注意观察中线的作用。

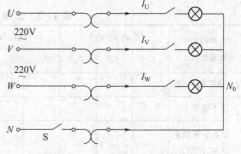

图 11-16　三相负载星形连接电路图

2. 负载三角形连接（三相三线制供电）

（1）按图 11-17 改接线路，经指导教师检查合格后接通三相电源，并调节调压器，使其输出线电压为 220V。

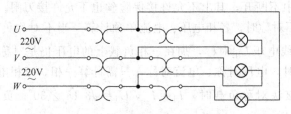

图 11-17　三相负载三角形连接电路

（2）按表 11-3 的内容进行测试，实验数据记入表 11-3 中。

六、实验注意事项

（1）本实验采用三相交流电，实验时要注意人身安全，不可触及导电部件，防止意外事故发生。

（2）每次接线完毕，同组同学应自查一遍，然后由指导教师检查后，方可接通电源，必须严格遵守先断电、再接线、后通电；先断电、后拆线的实验操作原则。

七、实验思考题

（1）三相负载根据什么条件做星形或三角形连接？

（2）复习三相交流电路有关内容，试分析三相星形连接不对称负载在无中线情况下，当某相负载开路或短路时会出现什么情况？如果接上中线，情况又如何？

（3）本次实验中为什么要通过三相调压器将 380V 的市电线电压降为 220V 的线电压使用？

八、实验报告

（1）用实验测得的数据验证对称三相电路中的 $\sqrt{3}$ 关系。

（2）用实验数据和观察到的现象，总结三相四线供电系统中中线的作用。

（3）不对称三角形连接的负载，能否正常工作？实验是否能证明这一点？

九、实验数据

见表 11-2、表 11-3。

表 11-2　三相负载星形连接实验数据

实验内容（负载情况）	线电流/mA			线电压/V			相电压/V			中线电流 I_0 /mA	中点电压 U_{NN0} /V
	I_U	I_V	I_W	U_{UV}	U_{VW}	U_{WU}	U_{U0}	U_{V0}	U_{W0}		
Y$_0$ 接平衡负载											
Y 接平衡负载											
Y$_0$ 接不平衡负载（即 W 相断）											
Y 接不平衡负载（即 W 相断）											

表 11-3 三相负载三角形连接实验数据

测量数据 负载情况	线电压＝相电压/V			线电流/mA			相电流/mA		
	U_{UV}	U_{VW}	U_{WU}	I_U	I_V	I_W	I_{UV}	I_{VW}	I_{WU}
三相平衡									
三相不平衡 （即 W 相断）									

实验十二　交流串联电路的研究

一、背景知识

在具有电阻、电感和电容的电路里，对交流电所起的阻碍作用叫作阻抗。阻抗常用 Z 表示，是一个复数，实部称为电阻，虚部称为电抗，其中电容在电路中对交流电所起的阻碍作用称为容抗，电感在电路中对交流电所起的阻碍作用称为感抗，电容和电感在电路中对交流电引起的阻碍作用总称为电抗。阻抗的单位是欧。电路中的负载可分为阻性负载、感性负载、容性负载。

感性负载通常指带有电感参数的负载，其负载电流滞后负载电压一个相位差，如负载电动机、变压器等。应用电磁感应原理制作的大功率电器，如汽车、压缩机、继电器、日光灯等也属于感性负载。这种产品需要在启动远远大于当前必要维持正常操作（大约 3～7 倍）的启动电流。例如，一个 150W 的功率消耗在正常操作的冰箱，引导可以高达超过 1000W 的电力。

由于感性负载在开关电源或切断电源时，会产生反电动势电压，这种电压的峰值远远大于负载交流供电器所能承受的电压值，很容易引起逆变器的瞬时超载，影响逆变器的使用寿命。因此，这样的设备要求较高。

阻抗的连接形式用多种，在交流电路中，最简单和最常用的是串联和并联。实际生活中的交流电路是复杂多变的，在研究 R、L、C，串、并联交流电路的基础上，可以进一步对复杂交流电路进行研究和计算。

二、实验原理

在正弦稳态无源二端网络端口处的电压相量与电流相量之比定义为该二端网络的阻抗，记为 Z（图 12-1）。

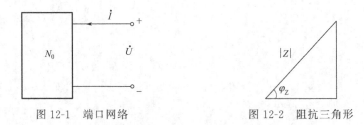

图 12-1　端口网络　　　　　　　　　图 12-2　阻抗三角形

注意，此时电压相量 U 与电流相量 I 的参考方向向内部关联。

$$Z = \frac{U}{I} = \frac{U\angle\varphi_{\mathrm{u}}}{I\angle\varphi_{\mathrm{i}}} = |Z|\angle\varphi_Z = R + jX \tag{12-1}$$

式中，$|Z|=U/I$（Ω）为阻抗 Z 的模，即阻抗的值；$\varphi_Z=\varphi_u-\varphi_i$ 为阻抗 Z 的阻抗角；$R=|Z|\cos\varphi_Z$（Ω）为阻抗 Z 的电阻分量；$X=|Z|\sin\varphi_Z$（Ω）为阻抗 Z 的电抗分量（图12-2）。

1. 电阻、电感、电容的串联阻抗

在电压和电流关联参考方向下，电阻、电感、电容的串联，得到等效阻抗 Z_{eq}（图12-3）。其中

$$Z_{eq}=\frac{U}{I}=\frac{Z_R I+Z_L I+Z_C I}{I}=Z_R+Z_L+Z_C$$

$$=R+j\omega L+\frac{1}{j\omega C}=R+jX_L+jX_C$$

$$=R+jX=|Z|\angle\varphi_Z \tag{12-2}$$

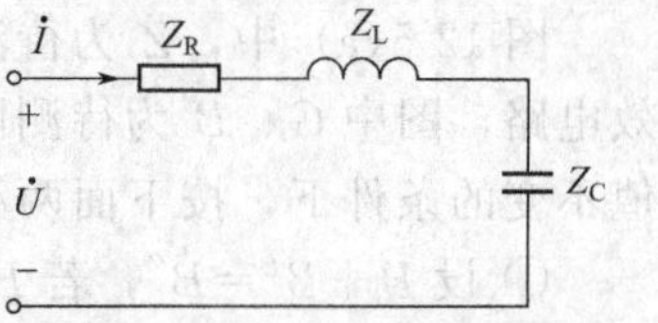

图12-3　电阻、电感、电容的串联电路

其中，阻抗 Z 的模为 $|Z|=\sqrt{R^2+X^2}$，阻抗 Z 的阻抗角

为 φ_Z，其表达式可表示为 $\varphi_Z=\arctan\dfrac{X}{R}=\arctan\dfrac{X_L+X_C}{R}=\arctan\dfrac{\omega L-1/\omega C}{R}$，可见电抗 X 是角频率 ω 的函数。

综上所述，当电抗 $X>0(\omega L>1/\omega C)$ 时，阻抗角 $\varphi_Z>0$，阻抗 Z 呈感性；当电抗 $X<0(\omega L<1/\omega C)$ 时，阻抗角 $\varphi_Z<0$，阻抗 Z 呈容性；当电抗 $X=0(\omega L=1/\omega C)$ 时，阻抗角 $\varphi_Z=0$，阻抗 Z 呈阻性。

2. 串联阻抗分压公式

引入阻抗概念以后，根据上述关系并与电阻电路的有关公式作对比，不难得知，若一端口正弦稳态电路的各元件为串联的，则其阻抗为

$$Z=\sum_{k=1}^{n}Z_K \tag{12-3}$$

串联阻抗分压公式为

$$\dot{U}_K=\frac{Z_K}{Z_{eq}}\dot{U} \tag{12-4}$$

另外，设定 $G=|Y|\cos\varphi_Y$（s）为导纳 Y 的电导分量；$B=|Y|\sin\varphi_Y$（s）为导纳 Y 的电纳分量（图12-4）。

可见，同一二端网络的 Z 与 Y 互为倒数。

特例：电阻的导纳为 $Y_R=\dfrac{1}{R}=G$；电容的导纳为 $Y_C=j\omega C=$

图12-4　导纳三角形

jB_C，其中 B_C 为电容的电纳，简称容纳。电感的导纳 $Y_L=-j\dfrac{1}{\omega L}=$

jB_L，其中 B_L 称为电感的电纳，简称感纳。

3. 三表法

测定交流电路中元件的阻抗值或无源一端口网络的等效阻抗值，可以用交流电压表、交流电流表和功率表分别测其两端的 U、流过的 I 和有功功率 P，然后通过计算得到所求的各值，这种方法称为三表法，是用以测量 50Hz 交流电路参数的基本方法。

通过它们的关系式可得出阻抗的模 $|Z|$、功率因数 $\cos\varphi$、等效电阻 R、等效电抗 X。阻抗的模 $|Z|=\dfrac{U}{I}$，电路的功率因数 $\cos\varphi=\dfrac{P}{UI}$，等效电阻 $R=\dfrac{P}{I^2}=|Z|\cos\varphi$，等效电抗 $X=$

$|Z|\sin\varphi$。等效电抗如果为感性，则 $X=X_L=2\pi fL$，如果为容性，则 $X=X_C=\dfrac{1}{2\pi fC}$。

4. 阻抗性质的判别方法

在被测元件两端并联电容或串联电容的方法来加以判别，方法与原理如下。

（1）在被测元件两端并联一只适当容量的实验电容，若串接在电路中电流表的读数增大，则被测阻抗为容性，电流减小则为感性（图 12-5）。

图 12-5(a) 中，Z 为待测定的元件，C' 为实验电容器。图 12-5(b) 是图 12-5(a) 的等效电路，图中 G、B 为待测阻抗 Z 的电导和电纳，B' 为并联电容 C' 的电纳。在端电压有效值不变的条件下，按下面两种情况进行分析。

① 设 $B+B'=B''$，若 B' 增大，B'' 也增大，则电路中电流 I 将单调地上升，故可判断 B 为容性元件。

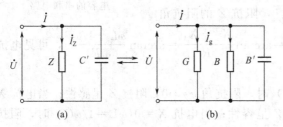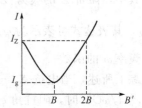

图 12-5 并联电容测量法 　　　　图 12-6　电流随电纳的变化

② 设 $B+B'=B''$，若 B' 增大，而 B'' 先减小而后再增大，电流 I 也是先减小后上升，如图 12-6 所示，则可判断 B 为感性元件。

由上分析可见，当 B 为容性元件时，对并联电容 C' 值无特殊要求；而当 B 为感性元件时，$B'<|2B|$ 才有判定为感性的意义。$B'>|2B|$ 时，电流单调上升，与 B 为容性元件时相同，并不能说明电路是感性的。因此，$B'<|2B|$ 是判断电路性质的可靠条件，由此得判定条件为 $C'<\left|\dfrac{2B}{\omega}\right|$。

（2）与被测元件串联一个适当容量的实验电容，若被测阻抗的端电压下降，则判为容性，端压上升则为感性，判定条件为 $\dfrac{1}{\omega C'}<|2X|$。式中 X 为被测阻抗的电抗值，C' 为串联实验电容值，此关系式可自行证明。

判断待测元件的性质，除上述借助于实验电容 C' 测定法外，还可以利用该元件电流、电压间的相位关系，若 I 超前于 U，为容性；I 滞后于 U，则为感性。

（3）本实验所用的功率表为实验台上的智能交流功率表，其电压接线端应与负载并联，电流接线端应与负载串联。

三、实验目的

（1）学会用交流电压表、交流电流表和功率表测量元件的交流等效参数的方法。
（2）学会阻抗性质的判别方法。
（3）学会功率表的接法和使用。

四、实验设备

见表 12-1。

表 12-1　实验设备

序号	名称	型号与规格	数量
1	交流电压表	0～450V	1
2	交流电流表	0～5A	1
3	功率表		1
4	自耦调压器		1
5	电感线圈	40W 日光灯配用	1
6	电容器	4.7μF/500V	2
7	白炽灯	15W（或 25W）/220V	3

五、实验内容

1. 测量 L、C 串联与并联后的等效参数

（1）测试线路按图 12-7 接线，并经指导教师检查后，方可接通市电电源。

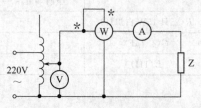

图 12-7　测量 L、C 串联与并联后的等效参数电路图

（2）分别测量 15W 白炽灯（R）、40W 日光灯镇流器（L）和 4.7μF 电容器（C）的等效参数，实验数据记入表 12-2。

（3）测量 L、C 串联与并联后的等效参数，实验数据记入表 12-2。

2. 验证用串、并实验电容法判别负载性质的正确性

实验线路同图 12-7，但不必接功率表，按表 12-3 内容进行测量和记录。

六、实验注意事项

（1）本实验直接用市电 220V 交流电源供电，实验中要特别注意人身安全，不可用手直接触摸通电线路的裸露部分，以免触电，进实验室应穿绝缘鞋。

（2）实验前应详细阅读智能交流功率表的使用说明书，熟悉其使用方法。

七、实验思考题

（1）在 50Hz 的交流电路中，测得一只铁芯线圈的 P、I 和 U，如何算得它的阻值及电感量？

（2）如何用串联电容的方法来判别阻抗的性质？试用 I 随 X'_C（串联容抗）的变化关系作定性分析，证明串联实验时，C' 满足 $\dfrac{1}{\omega C'} < |2X|$。

八、实验报告

（1）根据实验数据，完成各项计算。

（2）心得体会及其他。

九、实验数据

见表 12-2、表 12-3。

表 12-2　**L、C 串联与并联后等效的参数实验数据**

被测阻抗	测量值				计算值		电路等效参数		
	U/V	I/A	P/W	$\cos\varphi$	Z/Ω	$\cos\varphi$	R/Ω	L/mH	$C/\mu F$
15W 白炽灯 R									
电感线圈 L									
电容器 C									
L 与 C 串联									
L 与 C 并联									

表 12-3　**验证用串、并实验电容法判别负载性质的实验数据**

被测元件	串 $4.7\mu F$ 电容		并 $4.7\mu F$ 电容	
	串前端电压/V	串后端电压/V	并前电流/A	并后电流/A
R（三只 15W 白炽灯）				
$C(4.7\mu F)$				
$L(1H)$				

实验十三　功率因数及相序的测量

一、背景知识

三相电在日常生活和工业生产中被广泛应用，发电与输配电一般采用三相制。交流电力系统中有三根导线，分为 ABC 三相，正常情况下三相电压、电流对称，相位相差 120°。但在系统出现故障时，ABC 三相不再对称，为便于分析，可将电压、电流分解为正序、负序和零序三种分量。电力系统中，相序主要影响电动机的运转，相序接反的话，电动机会反转，相序的变换影响设备的正常运行。

在电网中，由电源供给负载的电功率有两种，一种是有功功率，另一种是无功功率。有功功率是保持用电设备正常运行所需的电功率，也就是将电能转换为其他形式能量（机械能、光能、热能）的电功率。比如，6kW 的电动机就是把 6kW 的电力转换为机械能，带动水泵抽水或脱粒机脱粒；各种照明设备将电能转换为光能，供人们生活和工作照明。无功功率比较抽象，它是用于电路内电场与磁场，并用来在电气设备中建立和维持磁场的电功率。凡是有电磁线圈的电气设备，要建立磁场，就要消耗无功功率。比如 40W 的日光灯，除需40W 有功功率（镇流器也需消耗一部分有功功率）来发光外，还需 80var 左右的无功功率供镇流器的线圈建立交变磁场用。由于它对外不做功，才被称为"无功"。

在交流电路中，电压与电流之间的相位差（φ）的余弦叫作功率因数，用符号 $\cos\varphi$ 表示，在数值上，功率因数是有功功率（P）和视在功率（S）的比值，即 $\cos\varphi = P/S$。功率因数是电力系统的一个重要的技术数据。功率因数是衡量电气设备效率高低的一个系数。功率因数的大小与电路的负荷性质有关，如白炽灯泡、电阻炉等电阻负荷的功率因数为 1，一般具有电感性负载的电路功率因数都小于 1。功率因数低，说明电路用于交变磁场转换的无功功率大，从而降低了设备的利用率，增加了线路供电损失。

功率因数低的根本原因是电感性负载的存在。例如，生产中最常见的交流异步电动机在额定负载时的功率因数一般为 0.7~0.9，如果在轻载时其功率因数就更低。其他设备如工频炉、电焊变压器以及日光灯等，负载的功率因数也都较低。在视在功率不变的情况下，功率因数越低，有功功率就越小，无功功率就越大，这时供电设备的容量就不能得到充分利用。如容量为 1000kVA 的变压器，如果 $\cos\varphi = 1$，即能送出 1000kW 的有功功率；而在 $\cos\varphi = 0.7$ 时，则只能送出 700kW 的有功功率。功率因数低不但降低了供电设备的有效输出，而且加大了供电设备及线路中的损耗，因此，必须采取并联电容器等补偿无功功率的措施，以提高功率因数。

电网中的电力负荷如电动机、变压器、日光灯及电弧炉等，大多属于电感性负荷，这些电感性的设备在运行过程中不仅需要向电力系统吸收有功功率，还同时吸收无功功率。因此，在电网中安装并联电容器无功补偿设备后，将可以提供补偿感性负荷所消耗的无功功率，减少了电网电源侧向感性负荷提供及由线路输送的无功功率。

二、实验原理

设三相电源以 A 相为参考，则

$$\begin{cases} e_A = E_m \sin\omega t \\ e_B = E_m \sin(\omega t - 120°) \\ e_C = E_m \sin(\omega t + 120°) \end{cases} \tag{13-1}$$

可用相量表示为

$$\begin{cases} E_A = E\angle 0° \\ E_B = E\angle -120° \\ E_C = E\angle 120° \end{cases} \tag{13-2}$$

如用相量图来表示，则如图 13-1 所示。

三相交流电在相位上的先后顺序称为相序。在此，相序是 A-B-C。

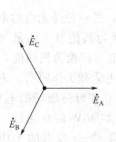

图 13-1　表示三相电的相量图

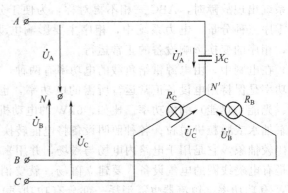

图 13-2　相序指示器电路

图 13-2 为相序指示器电路，用以测定三相电源的相序 A、B、C（或 U、V、W）。它是由一个电容器和两个电灯连接成的星形不对称三相负载电路。如果电容器所接的是 A 相，则灯光较亮的是 B 相，较暗的是 C 相。相序是相对的，任何一相均可作为 A 相。但 A 相确定后，B 相和 C 相也就确定了。

为了分析问题简单起，在这里设 $X_C = R_B = R_C = R$，$\dot{U}_A = U_P\angle 0°$，则

$$U_{N'N} = \frac{U_P\left(\dfrac{1}{-jR}\right) + U_P\left(-\dfrac{1}{2} - j\dfrac{\sqrt{3}}{2}\right)\left(\dfrac{1}{R}\right) + U_P\left(-\dfrac{1}{2} + j\dfrac{\sqrt{3}}{2}\right)\left(\dfrac{1}{R}\right)}{-\dfrac{1}{jR} + \dfrac{1}{R} + \dfrac{1}{R}} \tag{13-3}$$

$$U'_B = U_B - U_{N'N} = U_P\left(-\frac{1}{2} - j\frac{\sqrt{3}}{2}\right) - U_P(-0.2 + j0.6)$$

$$= U_P(-0.3 - j1.466) = 1.49\angle 101.6° U_P \tag{13-4}$$

$$U'_C = U_C - U_{N'N} = U_P\left(-\frac{1}{2} + j\frac{\sqrt{3}}{2}\right) - U_P(-0.2 + j0.6)$$

$$= U_P(-0.3 + j0.266) = 0.4\angle -138.4° U_P \tag{13-5}$$

由式 (13-4) 和式 (13-5) 可以看出 $U'_B > U'_C$，故 B 相灯光较亮。

对于功率因数我们已知，当正弦稳态一端口电路内部不含独立源时，$\cos\varphi$ 用 λ 表示，

称为该一端口电路的功率因数。即 $\cos\varphi=\dfrac{P}{S}$，$-90°<\varphi<90°$，$\cos\varphi>0$。若 $\dot{I}$ 超前 $\dot{U}$ 指容性

网络，$\dot{I}$ 滞后 $\dot{U}$ 指感性网络。测量功率因数可用功率因数表。

三、实验目的

（1）掌握三相交流电路相序的测量方法。

（2）熟悉功率因数表的使用方法，了解负载性质对功率因数的影响。

四、实验设备

见表 13-1。

表 13-1　实验设备

序号	名称	型号与规格	数量
1	单相功率表		
2	交流电压表	0~450V	
3	交流电流表	0~5A	
4	白炽灯灯组负载	15W/220V	3
5	电感线圈	30W 镇流器	1
6	电容器	1μF,4.7μF	

五、实验内容

1. 相序的测定（表 13-2）

（1）用 220V、15W 白炽灯和 1μF/500V 电容器，按图 13-2 接线。

（2）经三相调压器接入线电压为 220V 的三相交流电源，观察两只灯泡的亮、暗，判断三相交流电源的相序。

（3）将电源线任意调换两相后再接入电路，观察两灯的明亮状态，判断三相交流电源的相序。

2. 电路功率（P）和功率因数（cosφ）的测定（表 13-3）

（1）按图 13-3 接线，在 A、B 间接入不同器件。

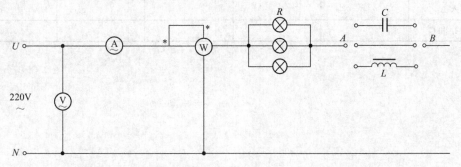

图 13-3　电路功率（P）和功率因数（cosφ）的测定电路

说明：C 为 4.7μF/500V，L 为 30W 日光灯镇流器。

（2）记录 cosφ 表及其他各表的读数，并分析负载性质。

六、实验注意事项

（1）本实验采用三相交流电，实验时要注意人身安全，不可触及导电部件，防止意外事故发生。

（2）每次接线完毕，同组同学应自查一遍，然后由指导教师检查后，方可接通电源，必须严格遵守先断电、再接线、后通电；先断电、后拆线的实验操作原则。

（3）每次改接线路都必须先断开电源。

七、实验思考题

根据电路理论，分析图 13-2 检测相序的原理。

八、实验报告

（1）简述实验线路的相序检测原理。

（2）根据 U、I、P 三表测定的数据，计算出 cosφ，并与 cosφ 表的读数比较，分析误差原因。

（3）分析负载性质与 cosφ 的关系。

（4）心得体会及其他。

九、实验数据

见表 13-2、表 13-3。

表 13-2 相序测定实验数据

初始假设为 A 相	判定 B 相	判定 C 相

表 13-3 电路功率（P）和功率因数（cosφ）的测定实验数据

A、B 间	U/V	I/A	P/W	cosφ	负载性质
短接					
接入 C					
接入 L					
接入 L 和 C					

实验十四 示波器与信号发生器的使用

一、背景知识

1897 年卡尔·费迪南德·布劳恩（Karl Ferdinand Braun）首先发明了示波器，后人围绕示波器的捕获、显示以及分析时域波形这三方面的功能进行了很多改进工作，示波器其实是电子射线示波器的简称。电子射线惯性很小，所以电子示波器适合用来观察瞬时变化的过程。基于这个特点，人们将需要观测的电信号以电场的形式作用在电子射线上，这样电压、电流随时间变化的情况就可以通过电子束显示在荧光屏上。示波器的种类可分为模拟类示波器、手持式示波器、数字示波器、虚拟类示波器、混合类示波器。

示波器在日常的生产、科研和实验中已经被广泛使用，尤其在家电和汽车的维修过程中使用示波器已十分普遍。通过示波器可以直观地观察被测电路的波形，包括形状、幅度、频率（周期）、相位，还可以对两个波形进行比较，从而迅速、准确地找到故障原因。汽车修理技术人员可以通过示波器来快速地判断其汽车的电子类设备的故障，示波器的功能是普通万用表所无法比拟的。和普通万用表相比，汽车示波器关于故障的相关描述更加精确，万用表通常只能用一两个电参数来反映电信号的特征，而示波器则用电压随时间的变化的图像来反映一个电信号，它显示电信号比万用表更准确、更形象。所以"一个画面通常要胜过一千个数字"。汽车电子设备的信号有些是变化速率非常快的，变化周期达到千分之一秒，通常测试仪器的扫描速度应该是被测信号的 5～10 倍，许多故障信号是间歇的，时有时无，这就需要仪器的测试速度高于故障信号的速度。汽车示波器完全可以胜任这个速度，汽车示波器不仅可以快速捕捉电路信号，还可以用较慢的速度来显示这些波形，以便可以一面观察一面分析。它还可以用储存的方式记录信号波形，可以倒回来观察已经发生过的快速信号，这就为分析故障提供了极大方便。无论是高速信号，还是慢速信号，用汽车示波器来观察都可以得到想要得到的波形结果。一个好的示波器就像一把尺子，它可以测量计算机系统的工作状况，通过汽车示波器可以观察到汽车电子系统是如何工作的。此外，汽车示波器还能确认故障是否真的被排除了，而不是仅仅知道故障码是否尚未清除，这可以通过修理前后从汽车示波器中观看到的氧传感器信号波形来加以判断。

二、实验原理

（一）示波器的基本结构

示波器的种类很多，但它们都包含下列基本组成部分，如图 14-1 所示。

1. 主机

主机包括示波管及其所需的各种直流供电电路，在面板上的控制旋钮有辉度、聚焦、水平移位、垂直移位等。

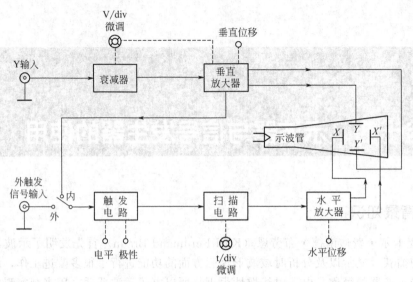

图 14-1　示波器的基本结构框图

2. 垂直通道

垂直通道主要用来控制电子束按被测信号的幅值大小在垂直方向上的偏移。

它包括 Y 轴衰减器、Y 轴放大器和配用的高频探头。通常示波管的偏转灵敏度比较低，因此在一般情况下，被测信号往往需要通过 Y 轴放大器放大后加到垂直偏转板上，才能在屏幕上显示出一定幅度的波形。Y 轴放大器的作用提高了示波管 Y 轴偏转灵敏度。为了保证 Y 轴放大不失真，加到 Y 轴放大器的信号不宜太大，但是实际的被测信号幅度往往在很大范围内变化，此 Y 轴放大器前还必须加一 Y 轴衰减器，以适应观察不同幅度的被测信号。示波器面板上设有"Y 轴衰减器"（通常称"Y 轴灵敏度选择"开关）和"Y 轴增益微调"旋钮，分别调节 Y 轴衰减器的衰减量和 Y 轴放大器的增益。对 Y 轴放大器的要求是增益大、频响好、输入阻抗高。

为了避免杂散信号的干扰，被测信号一般都通过同轴电缆或带有探头的同轴电缆加到示波器 Y 轴输入端。但必须注意，被测信号通过探头幅值将衰减（或不衰减），其衰减比为 $10:1$（或 $1:1$）。

3. 水平通道

水平通道主要是控制电子束按时间值在水平方向上偏移。

主要由扫描发生器、水平放大器、触发电路组成。

（1）扫描发生器　扫描发生器又叫锯齿波发生器，用来产生频率调节范围宽的锯齿波，作为 X 轴偏转板的扫描电压。锯齿波的频率（或周期）调节是由"扫描速率选择"开关和"扫速微调"旋钮控制的。使用时，调节"扫速选择"开关和"扫速微调"旋钮，使其扫描周期为被测信号周期的整数倍，保证屏幕上显示稳定的波形。

（2）水平放大器　其作用与垂直放大器一样，将扫描发生器产生的锯齿波放大到 X 轴偏转板所需的数值。

（3）触发电路　用于产生触发信号以实现触发扫描的电路。为了扩展示波器应用范围，一般示波器上都设有触发源控制开关，触发电平与极性控制旋钮和触发方式选择开关等。

（二）示波器的二踪显示

1. 二踪显示原理

示波器的二踪显示是依靠电子开关的控制作用来实现的。

电子开关由"显示方式"开关控制，共有五种工作状态，即 Y_1、Y_2、Y_1+Y_2、交替、断续。当开关置于"交替"或"断续"位置时，荧光屏上便可同时显示两个波形。当开关置于"交替"位置时，电子开关的转换频率受扫描系统控制，交替方式显示波形工作过程如图 14-2 所示。即电子开关首先接通 Y_2 通道，进行第一次扫描，显示由 Y_2 通道送入的被测信号的波形；然后电子开关接通 Y_1 通道，进行第二次扫描，显示由 Y_1 通道送入的被测信号的波形；接着再接通 Y_2 通道……这样轮流地对 Y_2 和 Y_1 两通道送入的信号进行扫描、显示，由于电子开关转换速度较快，每次扫描的回扫线在荧光屏上又不显示出来，借助于荧光屏的余辉作用和人眼的视觉暂留特性，使用者便能在荧光屏上同时观察到两个清晰的波形。这种工作方式适宜于观察频率较高的输入信号场合。

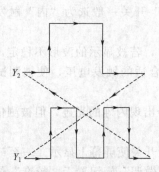

图 14-2　交替方式显示波形工作过程

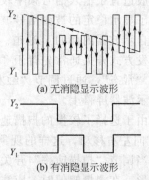

(a) 无消隐显示波形

(b) 有消隐显示波形

图 14-3　断续方式显示波形

当开关置于"断续"位置时，相当于将一次扫描分成许多个相等的时间间隔。在第一次扫描的第一个时间间隔内显示 Y_2 信号波形的某一段；在第二个时间时隔内显示 Y_1 信号波形的某一段；以后各个时间间隔轮流地显示 Y_2、Y_1 两信号波形的其余段，经过若干次断续转换，使荧光屏上显示出两个由光点组成的完整波形如图 14-3(a) 所示。由于转换的频率很高，光点靠得很近，其间隙用肉眼几乎分辨不出，再利用消隐的方法使两通道间转换过程的过渡线不显示出来，如图 14-3(b)，因而同样可达到同时清晰地显示两个波形的目的。这种工作方式适合于输入信号频率较低时使用。

2. 触发扫描

在普通示波器中，X 轴的扫描总是连续进行的，称为"连续扫描"。为了能更好地观测各种脉冲波形，在脉冲示波器中，通常采用"触发扫描"。采用这种扫描方式时，扫描发生器将工作在待触发状态。它仅在外加触发信号作用下，时基信号才开始扫描，否则便不扫描。这个外加触发信号通过触发选择开关分别取自"内触发"（Y 轴的输入信号经由内触发放大器输出触发信号），也可取自"外触发"输入端的外接同步信号。其基本原理是利用这些触发脉冲信号的上升沿或下降沿来触发扫描发生器，产生锯齿波扫描电压，然后经 X 轴放大后送 X 轴偏转板进行光点扫描。适当地调节"扫描速率"开关和"电平"调节旋钮，能方便地在荧光屏上显示具有合适宽度的被测信号波形。

（三）示波器的使用

从荧光屏的 Y 轴刻度尺并结合其量程分挡选择开关（Y 轴输入电压灵敏度 v/div 分挡选择开关）读得电信号的幅值；从荧光屏的 X 轴刻度尺并结合其量程分挡（时间扫描速度 t/div 分挡）选择开关，读得电信号的周期、脉宽、相位差等参数。为了完成对各种不同波形、不同要求的观察和测量，它还有一些其他的调节和控制旋钮，希望在实验中加以摸索和掌握。现着重指出下列几点。

（1）寻找扫描光迹：将示波器 Y 轴显示方式置"Y_1"或"Y_2"，输入耦合方式置"GND"，开机预热后，若在显示屏上不出现光点和扫描基线，可按下列操作去找到扫描线。

① 适当调节亮度旋钮。

② 触发方式开关置"自动"。

③ 适当调节垂直（$\updownarrow$）、水平（$\rightleftharpoons$）"位移"旋钮，使扫描光迹位于屏幕中央（若示波器设有"寻迹"按键，可按下"寻迹"按键，判断光迹偏移基线的方向）。

（2）双踪示波器一般有五种显示方式，即"Y_1""Y_2""Y_1+Y_2"三种单踪显示方式和"交替""断续"两种双踪显示方式。"交替"显示一般适宜于输入信号频率较高时使用。"断续"显示一般适宜于输入信号频率较低时使用。

（3）为了显示稳定的被测信号波形，"触发源选择"开关一般选为"内"触发，使扫描触发信号取自示波器内部的 Y 通道。

（4）触发方式开关通常先置于"自动"调出波形后，若被显示的波形不稳定，可置触发方式开关于"常态"，通过调节"触发电平"旋钮找到合适的触发电压，使被测试的波形稳定地显示在示波器屏幕上。

有时，由于选择了较慢的扫描速率，显示屏上将会出现闪烁的光迹，但被测信号的波形不在 X 轴方向左右移动，这样的现象仍属于稳定显示。

（5）适当调节"扫描速率"开关及"Y 轴灵敏度"开关使屏幕上显示 一至二个周期的被测信号波形。在测量幅值时，应注意将"Y 轴灵敏度微调"旋钮置于"校准"位置，即顺时针旋到底，且听到关的声音。在测量周期时，应注意将"X 轴扫速微调"旋钮置于"校准"位置，即顺时针旋到底，且听到关的声音。还要注意"扩展"旋钮的位置。根据被测波形在屏幕坐标刻度上垂直方向所占的格数（div 或 cm）与"Y 轴灵敏度"开关指示值（v/div）的乘积，即可算得信号幅值的实测值。根据被测信号波形一个周期在屏幕坐标刻度水平方向所占的格数（div 或 cm）与"扫速"开关指示值（t/div）的乘积，即可算得信号频率的实测值。

（四）函数信号发生器

函数信号发生器按需要输出正弦波、方波、三角波三种信号波形。输出电压最大可达 20VP-P。通过输出衰减开关和输出幅度调节旋钮，可使输出电压在毫伏级到伏级范围内连续调节。函数信号发生器的输出信号频率可以通过频率分挡开关进行调节。函数信号发生器作为信号源，它的输出端不允许短路。

（五）典型电信号的观察与测量

（1）正弦交流信号和方波脉冲信号是常用的电激励信号，可分别由低频信号发生器和脉冲信号发生器提供。正弦信号的波形参数是幅值 U_m、周期 T（或频率 f）和初相；脉冲信号的波形参数是幅值 U_m、周期 T 及脉宽 t_k。

（2）在模拟电子电路实验中，经常使用的电子仪器有示波器、函数信号发生器、直流稳压电源、交流毫伏表及频率计等。它们和万用电表一起，可以完成对模拟电子电路的静态和动态工作情况的测试。实验中要对各种电子仪器进行综合使用，可按照信号流向，以连线简捷、调节顺手、观察与读数方便等原则进行合理布局，各仪器与被测实验装置之间的布局与连接如图 14-4 所示。接线时应注意，为防止外界干扰，各仪器的公共接地端应连接在一起，称共地。信号源和交流毫伏表的引线通常用屏蔽线或专用电缆线，示波器接线使用专用电缆线，直流电源的接线用普通导线。

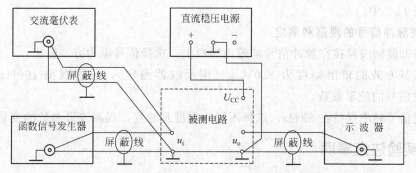

图 14-4　模拟电子电路中常用电子仪器布局图

三、实验目的

（1）初步掌握示波器的使用方法，会用示波器观察电信号波形，能定量测出信号的波形参数。

（2）初步掌握信号发生器的使用方法，学会信号发生器准确的调出相应的信号。

（3）了解示波器在实际中的应用。

四、实验设备

见表 14-1。

表 14-1　实验设备

序号	名称	型号与规格	数量
1	双踪示波器		1
2	低频、脉冲信号发生器		1
3	交流毫伏表	0～600V	1
4	频率计		1

五、实验内容

1. 双踪示波器的自检

将示波器面板部分的"标准信号"插口，通过示波器专用同轴电缆接至双踪示波器的 Y 轴输入插口 Y_A 或 Y_B 端，然后开启示波器电源，指示灯亮。稍后，协调地调节示波器面板上的"辉度""聚焦""辅助聚焦""X 轴位移""Y 轴位移"等旋钮，使在荧光屏的中心部分显示出线条细而清晰、亮度适中的方波波形；通过选择幅度和扫描速度，并将它们的微调旋钮旋至"校准"位置，从荧光屏上读出该"标准信号"的幅值与频率，并与标称值（1V，1kHz）做比较，如相差较大，请指导老师给予校准。

2. 正弦波信号的观测

（1）将示波器的幅度和扫描速度微调旋钮旋至"校准"位置。

（2）通过电缆线，将信号发生器的正弦波输出口与示波器的 Y_A 插座相连。

（3）接通信号发生器的电源，选择正弦波输出。通过相应调节，使输出频率分别为 100Hz、1kHz 和 5kHz（由频率计读出）；再使输出幅值分别为有效值 1V、2V、3V（由交流毫伏表读得）。调节示波器 Y 轴和 X 轴灵敏度至合适的位置，从荧光屏上读得幅值及周期，记入表 14-2 中。

3. 方波脉冲信号的观察和测定

（1）将电缆插头换接在脉冲信号的输出插口上，选择信号源为方波输出。

（2）调节方波的输出幅度为 $3.0V_{P-P}$（用示波器测定），分别观测 100Hz、3kHz 和 30kHz 方波信号的波形参数。

（3）使信号频率保持在 3kHz，选择不同的幅度及脉宽，观测波形参数的变化。

六、实验注意事项

（1）示波器的辉度不要过亮。

（2）调节仪器旋钮时，动作不要过快、过猛。

（3）调节示波器时，要注意触发开关和电平调节旋钮的配合使用，以使显示的波形稳定。

（4）做定量测定时，"t/div" 和 "v/div" 的微调旋钮应旋置 "标准" 位置。

（5）为防止外界干扰，信号发生器的接地端与示波器的接地端要相连（称共地）。

（6）不同品牌的示波器，各旋钮、功能的标注不尽相同，实验前请详细阅读所用示波器的说明书。

（7）实验前应认真阅读信号发生器的使用说明书。

七、实验思考题

（1）示波器面板上 "t/div" 和 "v/div" 的含义是什么？

（2）观察本机 "标准信号" 时，要在荧光屏上得到两个周期的稳定波形，而幅度要求为五格，试问 Y 轴电压灵敏度应置于哪一挡位置？"t/div" 又应置于哪一挡位置？

八、实验报告

（1）整理实验中显示的各种波形，绘制有代表性的波形。

（2）总结实验中所用仪器的使用方法及观测电信号的方法。

（3）如用示波器观察正弦信号时，荧光屏上出现图 14-5 所示的几种情况时，试说明测试系统中哪些旋钮的位置不对？应如何调节？

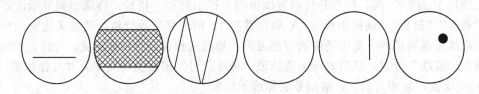

图 14-5　各种波形

（4）心得体会及其他。

九、实验数据

见表 14-2。

表 14-2　正弦波信号的观测实验数据

频率计读数　　　测定项目	正弦波信号频率的测定		
	100Hz	1kHz	5kHz
示波器"t/div"旋钮位置			
一个周期占有的格数			
信号周期/ms			
计算所得频率/Hz			
交流毫伏表读数	正弦波信号幅值的测定		
	1V	2V	3V
示波器"v/div"位置			
峰-峰值波形格数			
峰-峰值/V			
计算所得有效值/V			

实验十五　晶体管放大器电压放大倍数的测量

一、背景知识

1947 年 12 月，美国贝尔实验室的肖克利、巴丁和布拉顿组成的研究小组，研制出一种点接触型的锗晶体管。晶体管的问世，是 20 世纪的一项重大发明，是微电子革命的先声。晶体管出现后，人们就能用一个小巧的、消耗功率低的电子器件，来代替体积大、功率消耗大的电子管。晶体管的发明又为后来集成电路的降生吹响了号角。

晶体管（transistor）是一种固体半导体器件，可以用于检波、整流、放大、开关、稳压、信号调制和许多其他功能。晶体管作为一种可变开关，基于输入的电压，控制流出的电流，因此晶体管可作为电流的开关，和一般机械开关（如 Relay、switch）的不同处在于晶体管是利用电信号来控制，而且开关速度可以非常之快，在实验室中的切换速度可达 100GHz 以上。晶体管是一种半导体器件，放大器或电控开关常用。晶体管是规范操作电脑、手机和所有其他现代电子电路的基本构建块。

图 15-1 是一个调频收音机的高频放大电路。在该电路中，天线接收到空中的信号后，分别经 LC 串联谐振电路和并联谐振电路输出所需的高频信号，后经耦合电容 C_1 送入晶体管的发射极，由晶体管 2SC2724 放大。在集电极输出电路中设有 LC 谐振电路，与高频输入信号谐振，起选频作用。

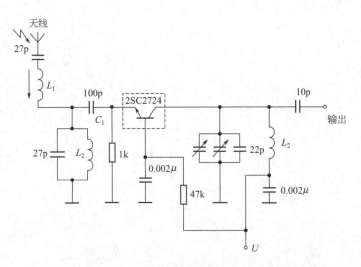

图 15-1　调频收音机的高频放大电路

晶体管的低成本、灵活性和可靠性使得其成为非机械任务的通用器件，如数字计算。在控制电器和机械方面，晶体管电路也正在取代电机设备，因为它通常可以更便宜、更有效地仅仅使用标准集成电路并编写计算机程序来完成同样的机械任务，使用电子控制，而不是设计一个等效的机械控制。

二、实验原理

（一）放大电路工作原理

图 15-2 为电阻分压式工作点稳定单管放大器实验电路图。它的偏置电路采用 R_{B1} 和 R_{B2} 组成的分压电路，并在发射极中接有电阻 R_E，以稳定放大器的静态工作点。当在放大器的输入端加入输入信号 U_i 后，在放大器的输出端便可得到一个与 U_i 相位相反、幅值被放大了的输出信号 U_o，从而实现了电压放大。

在图 15-2 电路中，当流过偏置电阻 R_{B1} 和 R_{B2} 的电流远大于晶体管的基极电流 I_B 时（一般 $5\sim 10$ 倍），则它的静态工作点可用式（15-1）估算。

$$U_B \approx \frac{R_{B1}}{R_{B1}+R_{B2}} U_{CC} \qquad (15\text{-}1)$$

$I_E = \dfrac{U_B - U_{BE}}{R_{e1}+R_E}$，这里 U_{BE} 为晶体管基极和发射极之间的电压，取 0.7V。

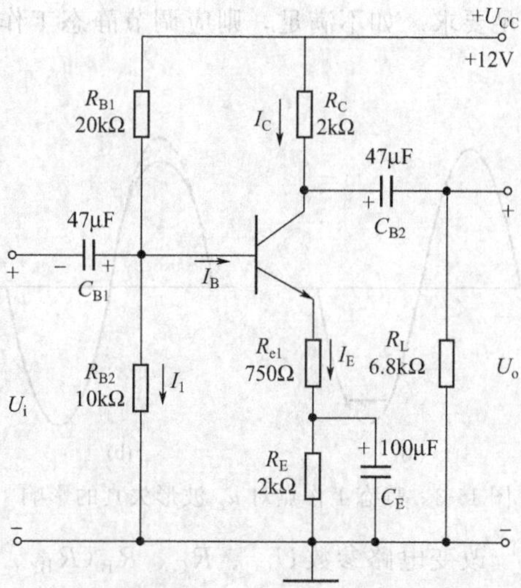

电压放大倍数 A_u 为

图 15-2　电阻分压式工作点稳定单管放大器实验电路

$$A_u = -\frac{\beta R'_L}{r_{be}+(1+\beta)R_{e1}} \qquad (15\text{-}2)$$

其中，β 取 180，$R'_L = R_C /\!/ R_L$，$r_{be} = 200 + (1+\beta)\dfrac{26\ (\text{mV})}{I_E}$。

由于电子器件性能的分散性比较大，因此在设计和制作晶体管放大电路时，离不开测量和调试技术。在设计前应测量所用元器件的参数，为电路设计提供必要的依据，在完成设计和装配以后，还必须测量和调试放大器的静态工作点和各项性能指标。一个优质放大器，必定是理论设计与实验调整相结合的产物。因此，除了学习放大器的理论知识和设计方法外，还必须掌握必要的测量和调试技术。

放大器的测量和调试一般包括放大器静态工作点的测量与调试、消除干扰与自激振荡及放大器各项动态参数的测量与调试等。

（二）放大器静态工作点的测量与调试

1. 静态工作点的测量

测量放大器的静态工作点，应在输入信号 $U_i = 0$ 的情况下进行，即将放大器输入端与地端短接，然后选用量程合适的直流毫安表和直流电压表，分别测量晶体管的集电极电流 I_C 以及各电极对地的电位 U_B、U_C 和 U_E。一般实验中，为了避免断开集电极，所以采用测量电压 U_E 或 U_C，然后算出 I_C 的方法。例如，只要测出 U_E，即可用 $I_C \approx I_E = \dfrac{U_E}{R_E}$ 算出 I_C（也可根据 $I_C = \dfrac{U_{CC}-U_C}{R_C}$，由 U_C 确定 I_C），同时也能算出 $U_{BE} = U_B - U_E$，$U_{CE} = U_C - U_E$。

为了减小误差，提高测量精度，应选用内阻较高的直流电压表。

2. 静态工作点的调试

放大器静态工作点的调试是指对管子集电极电流 I_C（或 U_{CE}）的调整与测试。静态工作点是否合适，对放大器的性能和输出波形都有很大影响。如工作点偏高，放大器在加入交流信号以后易产生饱和失真，此时 u_o 的负半周将被削底，如图 15-3（a）所示；如工作点偏低则易产生截止失真，即 u_o 的正半周被缩顶（一般截止失真不如饱和失真明显），如图 15-3（b）所示。这些情况都不符合不失真放大的要求。所以在选定工作点以后还必须进行动态调试，即在放大器的输入端加入一定的输入电压 u_i，检查输出电压 u_o 的大小和波形是否满足要求。如不满足，则应调节静态工作点的位置。

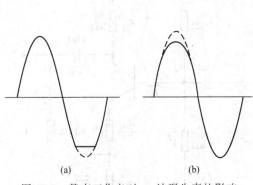 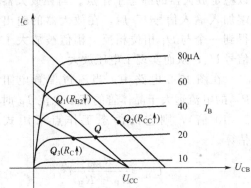

图 15-3　静态工作点对 u_o 波形失真的影响 　　　图 15-4　电路参数对静态工作点的影响

改变电路参数 U_{CC}、R_C、R_B（R_{B1}，R_{B2}）都会引起静态工作点的变化，如图 15-4 所示。但通常多采用调节偏置电阻 R_{B2} 的方法来改变静态工作点，如减小 R_{B2}，则可使静态工作点提高等。

最后还要说明的是，上面所说的工作点"偏高"或"偏低"不是绝对的，应该是相对信号的幅度而言，如输入信号幅度很小，即使工作点较高或较低也不一定会出现失真。所以确切地说，产生波形失真是信号幅度与静态工作点设置配合不当所致。如需满足较大信号幅度的要求，静态工作点最好尽量靠近交流负载线的中点。

（三）放大器动态指标测试

放大器动态指标包括电压放大倍数、输入电阻、输出电阻、最大不失真输出电压（动态范围）和通频带等。

1. 电压放大倍数 A_V 的测量

调整放大器到合适的静态工作点，然后加入输入电压 u_i，在输出电压 u_o 不失真的情况下，用交流毫伏表测出 u_i 和 u_o 的有效值 U_i 和 U_o，则

$$A_V = \frac{U_o}{U_i} \tag{15-3}$$

2. 输入电阻 R_i 的测量

为了测量放大器的输入电阻，按图 15-5 电路在被测放大器的输入端与信号源之间串入一已知电阻 R，在放大器正常工作的情况下，用交流毫伏表测出 U_S 和 U_i，则根据输入电阻的定义可得

$$R_i = \frac{U_i}{I_i} = \frac{U_i}{\dfrac{U_R}{R}} = \frac{U_i}{U_S - U_i} R \tag{15-4}$$

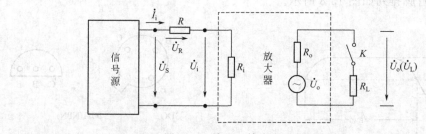

图 15-5　输入、输出电阻测量电路

测量时应注意下列几点。

（1）由于电阻 R 两端没有电路公共接地点，所以测量 R 两端电压 U_R 时必须分别测出 U_S 和 U_i，然后按 $U_R = U_S - U_i$ 求出 U_R 值。

（2）电阻 R 的值不宜取得过大或过小，以免产生较大的测量误差，通常取 R 与 R_i 为同一数量级为好，本实验可取 $R = 1 \sim 2\text{k}\Omega$。

3. 输出电阻 R_o 的测量

按图 15-5 电路，在放大器正常工作条件下，测出输出端不接负载 R_L 的输出电压 U_o 和接入负载后的输出电压 U_L，根据

$$U_L = \frac{R_L}{R_o + R_L} U_o \tag{15-5}$$

即可求出

$$R_o = \left(\frac{U_o}{U_L} - 1 \right) R_L \tag{15-6}$$

在测试中应注意，必须保持 R_L 接入前后输入信号的大小不变。

4. 最大不失真输出电压 U_{OPP} 的测量（最大动态范围）

如上所述，为了得到最大动态范围，应将静态工作点调在交流负载线的中点。为此在放大器正常工作情况下，逐步增大输入信号的幅度，并同时调节 R_W（改变静态工作点），用示波器观察 u_o，当输出波形同时出现削底和缩顶现象（图 15-6）时，说明静态工作点已调在交流负载线的中点。然后反复调整输入信号，使波形输出幅度最大，且无明显失真时，用交流毫伏表测出 U_o（有效值），则动态范围等于 $2\sqrt{2}U_o$。或用示波器直接读出 U_{OPP} 来。

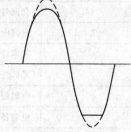

图 15-6　静态工作点正常，输入信号太大引起的失真

5. 放大器幅频特性的测量

放大器的幅频特性是指放大器的电压放大倍数 A_u 与输入信号频率 f 之间的关系曲线。单管阻容耦合放大电路的幅频特性曲线如图 15-7 所示，A_{um} 为中频电压放大倍数，通常规定电压放大倍数随频率变化下降到中频放大倍数的 $1/\sqrt{2}$ 倍，即 $0.707A_{um}$ 所对应的频率分别称为下限频率 f_L 和上限频率 f_H，则通频带 $f_{BW} = f_H - f_L$。

放大器的幅率特性就是测量不同频率信号时的电压放大倍数 A_u。为此，可采用前述测 A_u 的方法，每改变一个信号频率，测量其相应的电压放大倍数，测量时应注意取点要恰当，在低频段与高频段应多测几点，在中频段可以少测几点。此外，在改变频率时，要保持输入信号的幅度不变，且输出波形不得失真。

晶体三极管管脚排列如图 15-8 所示。

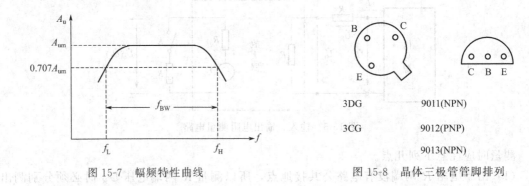

图 15-7　幅频特性曲线　　　　　　　　图 15-8　晶体三极管管脚排列

三、实验目的

(1) 掌握一些基本电子元器件的辨识方法。

(2) 掌握放大器电压放大倍数的测试方法。

(3) 掌握电子电路的安装及调试技术。

(4) 熟悉常用电子仪器及模拟电路实验设备的使用。

四、实验设备

见表 15-1。

表 15-1　实验设备

序号	名称	型号与规格	数量
1	+12V 直流电源		1
2	函数信号发生器		1
3	双踪示波器	YB4328	1
4	交流毫伏表		1
5	直流电压表		1
6	频率计		1
7	晶体三极管 3DG6($\beta=50\sim100$)或 9011		1
8	电阻器		若干
9	电容器		若干
10	万用表		1

五、实验内容

实验电路见图 15-2。为防止干扰，各仪器的公共端必须连在一起，同时信号源、交流毫伏表和示波器的引线应采用专用电缆线或屏蔽线，如使用屏蔽线，则屏蔽线的外包金属网应接在公共接地端上。

1. 测量晶体管放大器的电压放大倍数

(1) 根据电路，辨识所需元件，并按电路图，在板子上插好各元件。

(2) 用导线按电路图分别连接好各元件、电源和接地端等，并将示波器的两通道分别接在电路的输入端和输出端。

（3）在电路的输入端调节信号发生器，加入电压频率为 1kHz、峰-峰值 $U_{p\text{-}p}=0.8V$ 的正弦信号 U_i，同时用双踪示波器观察 U_i 和 U_o 的波形，并根据观察的波形绘制波形图于图 15-9 中。

2. 计算电压放大倍数

利用式(15-7)计算出理论电压放大倍数 A_U。

$$A_u=-\frac{\beta R'_L}{r_{be}+(1+\beta)R_{e1}} \tag{15-7}$$

其中 β 取 180，所有电阻的单位为欧姆，$I_E=\dfrac{U_B-U_{BE}}{R_{e1}+R_E}$，这里 U_{BE} 为晶体管基极和发射极之间的电压，取 0.7V，I_E 的单位为 mA，$r_{be}=200+(1+\beta)\dfrac{26\ (\text{mV})}{I_E}$。计算测量电压放大倍数和理论放大电压倍数比较大小。

六、实验注意事项

（1）本实验使用的元件较多，接线较复杂，要求学生在实验过程中要认真、仔细。

（2）在开始实验前应该仔细学习电阻、电容和晶体三极管的辨识方法，切勿将元件的参数弄错。

七、实验思考题

（1）列表整理测量结果，并把实测的静态工作点、电压放大倍数、输入电阻、输出电阻之值与理论计算值比较（取一组数据进行比较），分析产生误差原因。

（2）分析讨论在调试过程中出现的问题。

八、实验报告

（1）使用示波器测量电压放大倍数。

（2）计算电压放大倍数。

（3）比较两者的值，分析产生误差的原因。

九、实验数据

见图 15-9。

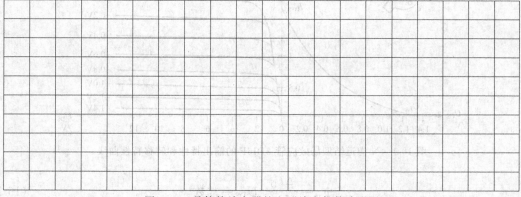

图 15-9　晶体管放大器的电压放大倍数波形图

实验十六　场效应管放大器参数测试

一、背景知识

场效应管是一种电压控制型器件，按结构可分为结型场效应管（JFET）和金属氧化物半导体场效应管（MOSFET）两种类型。场效应管与普通晶体管相比具有输入阻抗高、噪声系数小、热稳定性好、动态范围大等优点，有与电子管相似的传输特性，因而在高保真音响设备和集成电路中得到了广泛的应用。场效应管控制工作电流的原理与普通晶体管完全不一样，要比普通晶体管简单得多，场效应管只是单纯地利用外加的输入信号以改变半导体的电阻，实际上是改变工作电流流通的通道大小，而晶体管是利用加在发射结上的信号电压以改变流经发射结的结电流，还包括少数载流子渡越基区后进入集电区等极为复杂的作用过程。场效应管的独特而简单的作用原理赋予了场效应管许多优良的性能，这种器件不仅兼有一般半导体 BJT 体积小、质量小、耗电省、寿命长等特点，而且还具有输入阻抗高、噪声低、热稳定性好、抗辐射能力强和制造工艺简单等优点，因而大大地扩展了它的应用范围。

二、实验原理

1. 结型场效应管的特性和参数

场效应管的特性主要有输出特性和转移特性。图 16-1 所示为 N 沟道结型场效应管 3DJ6F 的输出特性和转移特性曲线。其直流参数主要有饱和漏极电流 I_{DSS}、夹断电压 U_P 等；交流参数主要有低频跨导有关 3DJ6F 的典型参数值及测试条件请参考表 16-1。

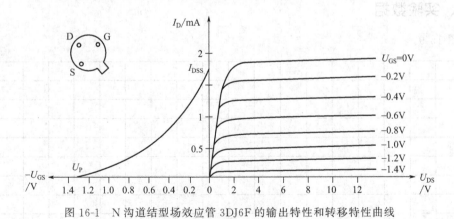

图 16-1　N 沟道结型场效应管 3DJ6F 的输出特性和转移特性曲线

$$g_m = \frac{\Delta I_D}{\Delta U_{GS}} \bigg|_{U_{DS} = 常数} \tag{16-1}$$

表 16-1 3DJ6F 典型参数值及测试条件

参数名称	饱和漏极电流 I_{DSS}/mA	夹断电压 U_P/V	跨导 g_m/(μA/V)
测试条件	$U_{DS}=10\text{V}$ $U_{GS}=0\text{V}$	$U_{DS}=10\text{V}$ $I_{DS}=50\mu\text{A}$	$U_{DS}=10\text{V}$ $I_{DS}=3\text{mA}$ $f=1\text{kHz}$
参数值	$1\sim3.5$	$<\lvert-9\rvert$	>100

2. 场效应管放大器性能分析

图 16-2 为结型场效应管共源级放大器电路。其静态工作点参数 U_{GS} 和 I_D 分别为

$$U_{GS}=U_G-U_S=\frac{R_{g1}}{R_{g1}+R_{g2}}U_{DD}-I_D R_S \tag{16-2}$$

$$I_D=I_{DSS}\left(1-\frac{U_{GS}}{U_P}\right)^2 \tag{16-3}$$

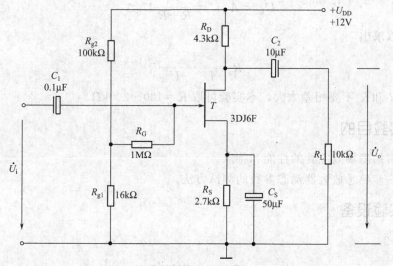

图 16-2 结型场效应管共源级放大器电路

结型场效应管的中频电压放大倍数为

$$A_V=-g_m R'_L=-g_m R_D /\!/ R_L \tag{16-4}$$

式中，跨导 g_m 可由特性曲线用作图法求得，或采用式(16-5) 计算。但要注意，计算时 U_{GS} 要用静态工作点处的数值。

$$g_m=-\frac{2I_{DSS}}{U_P}\left(1-\frac{U_{GS}}{U_P}\right) \tag{16-5}$$

结型场效应管的输入电阻 $R_i=R_G+R_{g1}/\!/R_{g2}$，输出电阻 $R_0\approx R_D$。

3. 输入电阻的测量方法

场效应管放大器的静态工作点、电压放大倍数和输出电阻的测量方法，与实验十五中晶体管放大器的测量方法相同。其输入电阻的测量，从原理上讲，也可采用实验十五中所述方法，但由于场效应管的 R_i 比较大，如直接测输入电压 U_S 和 U_i，则限于测量仪器的输入电阻有限，必然会带来较大的误差。因此为了减小误差，常利用被测放大器的隔离作用，通过测量输出电压 U_o 来计算输入电阻。测量电路如图 16-3 所示。

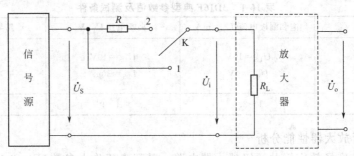

图 16-3　输入电阻测量电路

在放大器的输入端串入电阻 R，把开关 K 掷向位置 1（即使 $R=0$），测量放大器的输出电压 $U_{o1}=A_V U_S$；保持 U_S 不变，再把 K 掷向 2（即接入 R），测量放大器的输出电压 U_{oC}。由于两次测量中 A_V 和 U_S 保持不变，故

$$U_{o2}=A_V U_i=\frac{R_i}{R+R_i}U_S A_V \qquad (16\text{-}6)$$

由此可以求出

$$R_i=\frac{U_{o2}}{U_{o1}-U_{o2}}R \qquad (16\text{-}7)$$

式中，R 和 R_i 不要相差太大，本实验可取 $R=100\sim200\text{k}\Omega$。

三、实验目的

(1) 了解结型场效应管的性能和特点。

(2) 进一步熟悉放大器动态参数的测试方法。

四、实验设备

见表 16-2。

表 16-2　实验设备

序号	名称	型号与规格	数量
1	直流稳压电源	+12V	1
2	函数信号发生器	TH-SG01P	1
3	双踪示波器		1
4	交流毫伏表		1
5	直流电压表		1
6	结型场效应管	3DJ6F	1
7	电阻器、电容器		若干

五、实验内容

1. 静态工作点的测量和调整

(1) 按图 16-2 连接电路，令 $U_i=0$，接通 +12V 电源。

（2）用直流电压表测量 U_G、U_S 和 U_D。检查静态工作点是否在特性曲线放大区的中间部分。如合适则把结果记入表 16-3。若不合适，则适当调整 R_{g2} 和 R_S，调好后，再测量 U_G、U_S 和 U_D 记入表 16-3。

2. 电压放大倍数 A_V、输出电阻 R_o 的测量

（1）在放大器的输入端加入 $f = 1\text{kHz}$ 的正弦信号 U_i（50～100mV），并用示波器监视输出电压 U_o 的波形。

（2）在输出电压 U_o 没有失真的条件下，用交流毫伏表分别测量 $R_L = \infty$ 和 $R_L = 10\text{k}\Omega$ 时的输出电压 U_o（保持 U_i 幅值不变），记入表 16-4。

（3）用示波器同时观察 U_i 和 U_o 的波形，描绘出来并分析它们的相位关系。

3. R_i 的测量

（1）按图 16-3 改接实验电路，选择合适大小的输入电压 U_S（约 50～100mV）。

（2）将开关 K 掷向 "1"，测出 $R = 0$ 时的输出电压 U_{o1}，然后将开关 K 掷向 "2"（接入 R），保持 U_S 不变，再测出 U_{o2}。

（3）根据公式 $R_i = \dfrac{U_{o2}}{U_{o1} - U_{o2}} R$ 求出 R_i，记入表 16-5。

六、实验注意事项

（1）接插导线时，要认清标记，不得接错。

（2）电源电压使用范围为 +10.5～+12.5V，实验中要求使用 $V_{CC} = +12\text{V}$。电源极性绝对不允许接错。

七、实验思考题

（1）复习有关场效应管部分内容，并分别用图解法与计算法估算管子的静态工作点（根据实验电路参数），求出工作点处的跨导 g_m。

（2）场效应管放大器输入回路的电容 C_1 为什么可以取得小一些（可以取 $C_1 = 0.1\mu\text{F}$）？

（3）在测量场效应管静态工作电压 U_{GS} 时，能否用直流电压表直接并在 G、S 两端测量？为什么？

（4）为什么测量场效应管输入电阻时要用测量输出电压的方法？

八、实验报告

（1）整理实验数据，将测得的 A_V、R_i、R_o 和理论计算值进行比较。

（2）把场效应管放大器与晶体管放大器进行比较，总结场效应管放大器的特点。

（3）分析测试中的问题，总结实验收获。

九、实验数据

见表 16-3～表 16-5。

表 16-3　静态参数实验数据

测量值						计算值		
U_G/V	U_S/V	U_D/V	U_{DS}/V	U_{GS}/V	I_D/mA	U_{DS}/V	U_{GS}/V	I_D/mA

表 16-4　动态参数实验数据（一）

	测量值				计算值		U_i和U_o波形
R	U_i/V	U_o/V	A_V	$R_o/k\Omega$	A_V	$R_o/k\Omega$	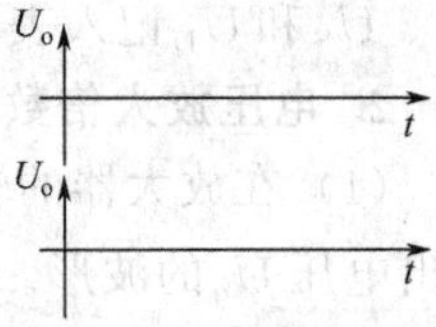
$R_L=\infty$							
$R_L=10k\Omega$							

表 16-5　动态参数实验数据（二）

测量值			计算值
U_{o1}/V	U_{o2}/V	$R_i/k\Omega$	$R_i/k\Omega$

实验十七　集成逻辑电路的连接和驱动

一、背景知识

集成电路按晶体管的性质分为 TTL 和 CMOS 两大类，TTL 以速度见长，CMOS 以功耗低而著称，其中 CMOS 电路以其优良的特性成为目前应用最广泛的集成电路。CMOS 是 Complementary Metal Oxide Semiconductor（互补金属氧化物半导体）的缩写。P 沟道金属氧化物半导体（PMOS 管）和 N 沟道金属氧化物半导体（NMOS 管）共同构成的互补型 MOS 集成电路。由于 CMOS 中一对 MOS 组成的门电路在瞬间看，要么 PMOS 导通，要么 NMOS 导通，要么都截止，比线性的三极管（BJT）效率要高很多，因此具有低功耗的特点。TTL 全称 Transistor-Transistor Logic，即 BJT-BJT 逻辑门电路，是数字电子技术中常用的一种逻辑门电路，应用较早，技术已比较成熟。TTL 主要由 BJT（Bipolar Junction Transistor 即双极结型晶体管，晶体三极管）和电阻构成，具有速度快的特点。最早的 TTL 门电路是 74 系列，后来出现了 74H、74L、74LS、74AS、74ALS 等系列。但是由于 TTL 功耗大等缺点，正逐渐被 CMOS 电路取代。

在实际的数字电路系统中总是将一定数量的集成逻辑电路按需要前后连接起来。这时，前级电路的输出将与后级电路的输入相连并驱动后级电路工作。集成逻辑电路既包括 TTL 电路也包括 CMOS 电路，因此对这两种电路的特性我们必须掌握。

二、实验原理

（一）TTL 电路输入输出特性

TTL 逻辑电路是最常用的逻辑器件之一，当 TTL 电路输入端为高电平时，输入电流是反向二极管的漏电流，电流极小。其方向是从外部流入输入端。当输入端处于低电平时，电流由电源 V_{CC} 经内部电路流出输入端，电流较大。当与上一级电路衔接时，应考虑上级电路所具备的带负载能力。高电平输出电压在负载不大时为 3.5V 左右。低电平输出时，允许后级电路灌入电流，随着灌入电流的增加，输出低电平将升高，一般 LS 系列 TTL 电路允许灌入 8mA 电流，即可吸收后级 20 个 LS 系列标准门的灌入电流。最大允许低电平输出电压为 0.4V。

（二）CMOS 电路输入输出特性

一般 CC 系列的输入阻抗可高达 10^{10} Ω，输入电容在 5pf 以下，输入高电平通常要求在 3.5V 以上，输入低电平通常为 1.5V 以下。因 CMOS 电路的输出结构具有对称性，故对高低电平具有相同的输出能力，负载能力较小，仅可驱动少量的 CMOS 电路。当输出端负载很轻时，输出高电平将十分接近电源电压；输出低电平时将十分接近地电位。在高速

CMOS 电路 54/74HC 系列的一个子系列 54/74HCT 中，其输入电平与 TTL 电路完全相同，因此在相互取代时，不需考虑电平的匹配问题。

（三）集成逻辑电路的衔接

1. TTL 与 TTL 的连接

TTL 集成逻辑电路的所有系列中，由于电路结构形式相同，电平配合比较方便，不需要外接元件可直接连接，不足之处是受低电平时负载能力的限制。表 17-1 列出了 74 系列 TTL 电路的扇出系数。

表 17-1　74 系列 TTL 电路的扇出系数

项目	74LS00	74ALS00	7400	74L00	74S00
74LS00	20	40	5	40	5
74ALS00	20	40	5	40	5
7400	40	80	10	40	10
74L00	10	20	2	40	1
74S00	50	100	12	100	12

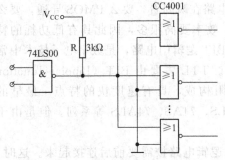

图 17-1　TTL 电路驱动 CMOS 电路

2. TTL 驱动 CMOS 电路

TTL 电路驱动 CMOS 电路时，由于 CMOS 电路的输入阻抗高，故此驱动电流一般不会受到限制，但在电平配合问题上，低电平是可以的。在高电平时会遇到一些困难，因为 TTL 电路在满载时，输出高电平通常低于 CMOS 电路对输入高电平的要求，因此为保证 TTL 输出高电平时，后级的 CMOS 电路能可靠工作，通常要外接一个提拉电阻 R，如图 17-1 所示。当输出高电平达到 3.5V 以上时，R 的取值为 2～6.2kΩ 较合适，这时 TTL 后级的 CMOS 电路的数目实际上是没有什么限制的。

3. CMOS 驱动 TTL 电路

CMOS 的输出电平能满足 TTL 对输入电平的要求，而驱动电流将受限制，主要是低电平时的负载能力受限制。表 17-2 列出了一般 CMOS 电路驱动 TTL 电路时的扇出系数，从表中可见，除了 74HC 系列外的其他 CMOS 电路驱动 TTL 的能力都较低。如果使用此系列又要提高其驱动能力时，可采用以下两种方法。

（1）采用 CMOS 驱动器，如 CC4049、CC4050 是专为给出较大驱动能力而设计的 CMOS 电路。

（2）几个同功能的 CMOS 电路并联使用，即将其输入端并联，输出端并联（TTL 电路是不允许并联的）。

表 17-2　一般 CMOS 电路驱动 TTL 电路时的扇出系数

系列	LS-TTL	L-TTL	TTL	ASL-TTL
CC4001B 系列	1	2	0	2
MC14001B 系列	1	2	0	2
MM74HC 及 74HCT 系列	10	20	2	20

4. CMOS 与 CMOS 的衔接

CMOS 电路之间的连接十分方便，不需另加外接元件。对直流参数来讲，一个 CMOS 电路可带动的 CMOS 电路数量是不受限制，但在实际使用时，应当考虑后级门输入电容对前级门的传输速度的影响，电容太大时，传输速度要下降，因此在高速使用时要从负载电容来考虑，如 CC4000T 系列。CMOS 电路在 10MHz 以上速度运用时应限制在 20 个门以下（图 17-2）。

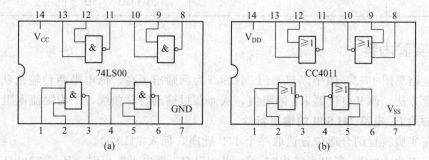

图 17-2　74LS00 与非门与 CC4001 或非门电路引脚排列

三、实验目的

（1）掌握 TTL、CMOS 集成电路输入电路与输出电路的性质。

（2）掌握集成逻辑电路相互衔接时应遵守的规则和实际衔接方法（图 17-3）。

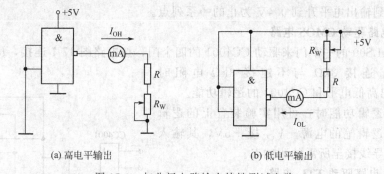

图 17-3　与非门电路输出特性测试电路

四、实验设备

见表 17-3。

表 17-3　实验设备

序号	名称	型号与规格	数量
1	直流稳压电源	+5V	1
2	逻辑电平开关		若干
3	逻辑电平显示器		若干
4	逻辑笔		1
5	直流数字电压表		1
6	直流毫安表		1

序号	名称	型号与规格	数量
7	集成芯片	74LS00 CC4001 74HC00	若干
8	电阻、电位器	100Ω、470Ω、3kΩ、 47kΩ、10kΩ、4.7kΩ	若干

五、实验内容

测试电路见图 17-3，图中以与非门 74LS00 为例画出了高、低电平两种输出状态下输出特性的测量方法。改变电位器 R_W 的阻值，从而获得输出特性曲线，R 为限流电阻。

1. 测试 TTL 电路 74LS00 的输出特性

（1）在实验装置的合适位置选取一个 14P 插座，插入 74LS00。

（2）R 取为 100Ω，高电平输出时，R_W 取 47kΩ，低电平输出时，R_W 取 10kΩ。

（3）高电平测试时测量空载到最小允许高电平（2.7V）之间的一系列点；低电平测试时测量空载到最大允许低电平（0.4V）之间的一系列点。

2. 测试 CMOS 电路 CC4001 的输出特性

（1）测试时 R 取为 470Ω，R_W 取 4.7kΩ。

（2）高电平测试时应测量从空载到输出电平降到 4.6V 为止的一系列点；低电平测试时应测量从空载到输出电平升到 0.4V 为止的一系列点。

3. TTL 电路驱动 CMOS 电路

（1）用 74LS00 的一个门来驱动 CC4001 的四个门，按电路图 17-1 连接，R 取 3kΩ。

（2）测量连接 3kΩ 与不连接 3kΩ 电阻时 74LS00 的输出高低电平和 CC4001 的逻辑功能。

（3）测试逻辑功能时，可用实验装置上的逻辑笔进行测试，逻辑笔的电源＋V_{CC} 接＋5V，其输入插口引出一根导线接至所需的测试点。

4. CMOS 电路驱动 TTL 电路

（1）按图 17-4 连接，被驱动的电路用 74LS00 的八个门并联。

（2）电路的输入端接逻辑开关输出插口，八个输出端分别接逻辑电平显示的输入插口。

（3）先用 CC4001 的一个门来驱动，观测 CC4001 的输出电平和 74LS00 的逻辑功能。然后将 CC4001 的其余三个门，一个个并联到第一个门上（输入与输入，输出与输出并联），分别观察 CMOS 的输出电平及 74LS00 的逻辑功能。

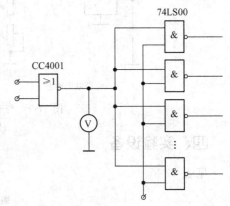

图 17-4 CMOS 电路驱动 TTL 电路

（4）最后用 74HC00 代替 CC4001，测试其输出电平及系统的逻辑功能。

六、实验注意事项

（1）接插集成块时，要认清定位标记，不得插反。

（2）电源电压使用范围为＋4.5～＋5.5V 之间，实验中要求使用 $V_{CC}=+5V$。电源极性绝对不允许接错。

七、实验思考题

（1）自拟各实验记录用的数据表格，及逻辑电平记录表格。
（2）熟悉所用集成电路的引脚功能。

八、实验报告

（1）整理实验数据，做出输出特性曲线，并加以分析。
（2）通过本次实验，你对不同集成门电路的衔接得出什么结论？

实验十八　正弦稳态交流电路的相量分析

一、背景知识

工矿企业所消耗的无功功率中，异步电动机约占 70%。不少电动机的负载率很低，经常处在轻载或空载运行，功率因数普遍不高。负载率越低，则功率因数越低，无功功率相对于有功功率的百分比更大，浪费的电能就很大。因此提高功率因数对于节约电能具有重要意义，具体表现为以下四个方面。

① 视在功率相应减小，使电力网中所有设备（发电机、变压器、输配电线路）的容量减少，从而降低了电网的投资。

② 总的电流相应减少，使设备与线路中的有功损耗随之减少。按照粗略估算，一个车间的功率因数从 0.7 提高到 0.8，则它的电能损失可以降低到原来的 76%；如果提高到 0.9，则它的电能损失可以降低到原来的 60%。

③ 可以稳定电网的电压，提高供电质量。在长距离输电线路合适的地点设置动态无功补偿装置，可以改善输电系统的稳定性，提高输电能力。

④ 在电气化铁道等三相负载不平衡的场合，通过适当的无功补偿可以平衡三相的有功和无功负载。

提高用户的功率因数最常采用的方法是进行无功补偿。从工厂节能的观点来看，提高自然功率因数要比采用无功补偿更为重要。在现代工厂，绝大多数的负载拖动采用的是异步电动机。当异步电动机与负载不配套，即所谓"大马拉小车"时，功率因数和效率都相应降低，会造成低效浪费。提高用户的功率因数的措施可归纳为如下四个方面。

① 加强生产管理，控制电气设备空载损耗。对于间歇性生产的各种电动机、电焊机及其他电气设备，在空载运行时，供励磁用的无功功率基本上是不变的。此时功率因数很低，它不仅需要无功功率，而且造成设备磨损，因此必须采用自动停车装置。

② 合理配置电气设备，消除大马拉小车的现象。凡电动机正常使用负载率低于 40%、变压器低于 30%的必须更换。

③ 采用现代调速技术控制变负载电动机。如晶闸管串级调速、变频调速、电车的逆导斩波调速等现代调速技术，可以快速地根据电动机负载的变化实现自动调速，从而使电动机能够恒定在高效区和低无功功率损耗的情况下运行。

④ 对于无调速要求的大容量风机、水泵、空气压缩机等，经过技术经济比较，有的可以采用同步电动机拖动，以提高工矿企业的自然功率因数。

二、实验原理

1. 关于交流电路的功率

有功功率：$P = UI\cos\varphi$，单位为 W。

90

无功功率：$Q=UI\sin\varphi$，单位为 var。

视在功率：$S=UI$，单位为 VA。

视在功率反映电源设备的容量（可能输出的最大平均功率），量纲为伏安（VA）。

P、Q 和 S 之间满足 $S^2=P^2+Q^2$，即有 $S=\sqrt{P^2+Q^2}$，$\tan\varphi=Q/P$，则功率三角关系如图 18-1。

有功功率 $P=UI\cos\varphi=S\cos\varphi$ 表示电路真正消耗的功率；无功功率 $Q=UI\sin\varphi$ 表示交换功率的最大值；视在功率 $S=UI$（VA）反映电气设备的容量。

图 18-1　功率三角关系

2. RC 串联电路

图 18-2 所示的 RC 串联电路，在正弦稳态信号 $\dot{U}$ 的激励下，$\dot{U}_R$ 与 $\dot{U}_C$ 保持有 90°的相位差，即当 R 阻值改变时，$\dot{U}_R$ 的相量轨迹是一个半圆。$\dot{U}$、$\dot{U}_C$ 与 $\dot{U}_R$ 三者形成一个直角形的电压三角形。R 值改变时，可改变 φ 角的大小，从而达到移相的目的。

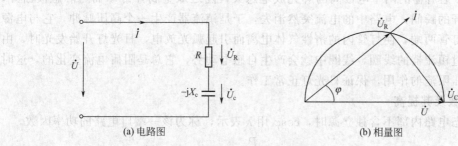

(a) 电路图　　　　　　　　　　　　(b) 相量图

图 18-2　RC 串联电路

图 18-2 可以看出

$$\dot{U}=\dot{I}\left(R-j\,\frac{1}{\omega C}\right) \tag{18-1}$$

$$\dot{U}=\dot{U}_R+\dot{U}_C=\dot{I}R-\dot{I}j\,\frac{1}{\omega C}=\dot{I}\left(R-j\,\frac{1}{\omega C}\right) \tag{18-2}$$

复阻抗 $$Z=\frac{\dot{U}}{\dot{I}}=|Z|\angle\varphi=R-jX_C \tag{18-3}$$

电压模 $$|U|=\sqrt{U_R^2+U_C^2} \tag{18-4}$$

阻抗模 $$|Z|=\frac{U}{I}=\sqrt{R^2+X_C^2} \tag{18-5}$$

$$\varphi=\varphi_u-\varphi_i=\arctan\frac{-X_c}{R} \tag{18-6}$$

电路总有功功率（电阻消耗的有功功率）为

$$P=U_RI=UI\cos\varphi=I^2R\ （\text{W}） \tag{18-7}$$

电路总无功功率（储能元件上的无功功率）为

$$Q=U_CI=UI\sin\varphi=I^2X_C\ （\text{var}） \tag{18-8}$$

电路视在功率为

$$S=UI\ （\text{VA}） \tag{18-9}$$

3. 日光灯工作原理

电感镇流器是一个铁芯电感线圈，电感的性质是当线圈中的电流发生变化时，则在线圈中将引起磁通的变化，从而产生感应电动势，其方向与电流的方向相反，因而阻碍着电流变化。镇流器在启动时产生瞬时高压，在正常工作时起降压限流作用。

启辉器在电路中起开关作用，它由一个氖气放电管与一个电容并联而成，电容的作用为消除对电源的电磁的干扰并与镇流器形成振荡回路，增加启动脉冲电压幅度。放电管中一个电极用双金属片组成，利用氖泡放电加热，使双金属片在开闭时，引起电感镇流器电流突变并产生高压脉冲加到灯管两端。

日光灯两端各有一灯丝，灯管内充有微量的氩和稀薄的汞蒸气，灯管内壁上涂有荧光粉，两个灯丝之间的气体导电时发出紫外线，使荧光粉发出柔和的可见光。灯管开始点燃时需要一个高电压，正常发光时只允许通过不大的电流，这时灯管两端的电压低于电源电压。

当日光灯接入电路以后，启辉器两个电极间开始辉光放电，使双金属片受热膨胀而与静触极接触，于是电源、镇流器、灯丝和启辉器构成一个闭合回路，电流使灯丝预热，当受热时间1~3s后，启辉器的两个电极间的辉光放电熄灭，随之双金属片冷却而与静触极断开，当两个电极断开的瞬间，电路中的电流突然消失，于是镇流器产生一个高压脉冲，它与电源叠加后，加到灯管两端，使灯管内的惰性气体电离而引起弧光放电，日光灯开始发光时，由于交变电流通过镇流器的线圈，线圈中就会产生自感电动势，它总是阻碍电流变化的，这时镇流器起着降压限流的作用，保证日光灯正常工作。

4．功率因数及其提高

当正弦稳态电路内部不含独立源时，$\cos\varphi$ 用 λ 表示，称为该一端口电路的功率因数。

$$\cos\varphi = \frac{P}{S} \tag{18-10}$$

其中 $-90° < \varphi < 90°$，$\cos\varphi > 0$，而负载消耗多少有功功率由负载的阻抗角决定。

在实际电路中，用电负载多为感性负载（一般用户为感性负载如异步电动机、日光灯等），其功率因数较低。功率因数低带来以下问题。

① 电源的利用率降低。

② 线路压降损耗和能量损耗增大。

由于感性负载的存在，功率因数不高，可通过在负载两端并接电容器的方法来提高功率因数（图18-3）。

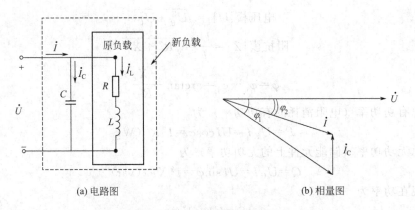

(a) 电路图　　　　　　　　　　　　　　(b) 相量图

图18-3　功率因数的提高

在电路并联电容后，电路中原负载的任何参数都没有改变。并联电容后，原感性负载所

用的电流 $I_L = \dfrac{U}{\sqrt{R^2 + X_L^2}}$ 和功率因数均不变，吸收的有功、无功都不变，即负载工作状态没有发生任何变化。但电压 U 和线电流 I 之间的相位差变小，由于并联电容的电流超前总电流，从相量图（图 18-3）上看，U 和 I 的夹角减小了，即 $\cos\varphi_2$ 变大，从而提高了电源端的功率因数 $\cos\varphi_2$。使功率因数提高后，线路上电流减少，就可以带更多的负载，充分利用设备的能力。这里所讲的提高功率因数，是指电源或电网的功率因数，而不是指某个电感性负载的功率因数。

三、实验目的

（1）加深对正弦稳态电路中电压、电流相量的理解，以及研究正弦稳态电路中电压、电流相量之间关系。

（2）掌握实际电路的接线方法，初步了解启辉器、镇流器等非线性元件在实践中的作用。

（3）通过日光灯电路培养实践能力，进一步了解改善电路功率因数的意义和方法。

（4）熟练掌握对交流仪器、仪表的使用。

四、实验设备

见表 18-1。

表 18-1 实验设备

序号	名称	型号与规格	数量
1	交流电压表	0～450V	1
2	交流电流表	0～5A	1
3	功率表		1
4	自耦调压器		1
5	电感线圈	40W 日光灯配用	1
6	电容器	4.7μF/500V	2
7	白炽灯	15W(或 25W)/220V	3

五、实验内容

1. 验证 RC 串联电路中电压三角形关系

（1）按图 18-2 实验电路接线。图中 R 为 1 个（或 2 个）220V/30W 的白炽灯泡，电容器为 4.7μF（或 2μF）。

（2）接通实验台电源，将自耦调压器输出 U 调至 220V。

（3）记录 U、U_R、U_C 值记入表 18-2，验证电压三角形关系。

2. 日光灯线路接线与测量

（1）按图 18-4 日光灯线路接线，图中 A 是日光灯管，L 是镇流器，S 是启辉器。

（2）调节自耦调压器的输出，使其输出电压缓慢增大，直到日光灯刚启辉点亮为止，记下各表的指示值。

（3）然后将电压调至 220V，测量功率 P、电流 I、电压 U 等值，数据记入表 18-3。

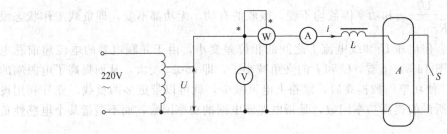

图 18-4　日光灯测试电路

3. 并联电路——电路功率因数的改善

（1）按图 18-5 组成实验线路。

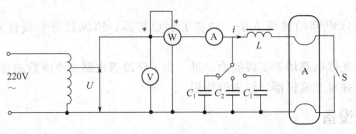

图 18-5　功率因数测试电路

（2）接通实验台电源，将自耦调压器的输出调至 220V，记录功率表、电压表、电流表等的读数，改变电容值，进行 3 次重复测量。数据记入表 18-4。

六、实验注意事项

（1）由于实验中用到 220V 交流电源，因此操作时应注意安全。做每个实验和测试之前，均应先将调压器的输出电压调为 0V，再接好连线和仪表，经检查无误后，慢慢将调压器的输出电压调到 220V。

（2）功率表要正确接入电路，读数时要注意量程的选择。

（3）线路接线要仔细，日光灯不能启辉时，应检查启辉器及其接触是否良好、功率表接法是否正确。

七、实验思考题

（1）参阅课外资料，了解日光灯的启辉原理。

（2）在日常生活中，当日光灯上缺少了启辉器时，人们常用一根导线将启辉器的两端短接一下，然后迅速断开，使日光灯点亮；或用一只启辉器去点亮多只同类型的日光灯，这是为什么？（HE-16 实验箱上有短接按钮，可用它代替启辉器做一下实验。）

（3）为了提高电路的功率因数，常在感性负载上并联电容器，此时增加了一条电流支路，试问电路的总电流是增大还是减小，此时感性元件上的电流和功率是否改变？

（4）提高线路功率因数为什么只采用并联电容器法，而不用串联法？所并的电容器是否越大越好？

八、实验报告

（1）完成各数据表格中的计算，进行必要的误差分析。

（2）讨论改善电路功率因数的意义和方法。

九、实验数据

见表 18-2～表 18-4。

表 18-2　验证电压三角形关系实验数据

测 量 值			计 算 值		
U/V	U_R/V	U_C/V	U' 与 U_R, U_C 组成 $Rt\triangle$ $(U'=\sqrt{U_R^2+U_C^2})$	$\Delta U=U'-U/V$	$(\Delta U/U)/\%$

表 18-3　日光灯实验数据

	测 量 数 值			计 算 值
项目	P/W	I/A	U/V	$\cos\varphi$
启辉值				
正常工作值				

表 18-4　改善功率因数实验数据

电容值/μF	测量值			计算值
	P/W	U/V	I/A	$\cos\varphi$
1				
2.2(2)				
3.2(4)				

实验十九 异步电动机继电接触控制

一、背景知识

在工业、农业、交通运输以及其他国民经济部门中，广泛地应用三相异步电动机生产机械进行工作。随着现代化生产机械的不断发展，为满足生产工艺加工的需要，对电动机要进行自动控制。例如要使一台电动机简单启动和停车，则有一只三相闸刀就行了。但生产过程往往是比较复杂的，而且随着自动化程度的提高，不但要实现电动机的启动、停止、调速、反转、制动等自动控制，还要对电动机的工作时间、被电动机拖动的工件的行程等实现准确的控制；不但要对一台电动机实行控制，而且要对若干台电动机实行程序和协调控制，使之能正确无误地完成某项较复杂的生产任务。用继电器、接触器等有触点电器组成的控制系统称为继电接触控制系统。继电接触控制线路往往分为主电路和控制电路。主电路是指从电源经刀开关、熔断器、接触器主触点到电动机的线路，主电路的电源线一般较粗。由操作按钮、接触器、继电器及自锁、联锁环节组成的线路为控制电路，控制电路使用的导线一般比较细。目前，实际线路中刀开关和熔断器多用集两者功能为一体的空气开关所取代。继电接触控制系统作为传统的控制方式，与无触点的电子控制电路相比，虽然有一些缺陷，但由于其具有直接、简单的特点，在一些要求不高的场合仍在大量使用这种控制方法。

生产中许多机械设备往往要求运动部件能向正反两个方向运动，如 Z3050 型摇臂钻床（图 19-1）的立柱松紧电动机的正反转控制、X62W 型万能铣床（图 19-2）的主轴反接制动控制和起重机的上升和下降等，都要求电动机能实现正反转控制。改变通入电动机定子绕组的三相电源相序，即把接入电动机的三相电源进线中的任意两根对调，电动机即可反转。

图 19-1 Z3050 型摇臂钻床

图 19-2 62W 型万能铣床

二、实验原理

（一）三相鼠笼式异步电动机的结构

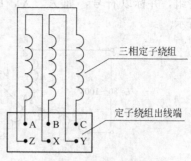

图 19-3　定子绕组图

异步电动机是基于电磁原理把交流电能转换为机械能的一种旋转电机。三相鼠笼式异步电动机的基本结构有定子和转子两大部分。定子主要由定子铁心、三相对称定子绕组和机座等组成，是电动机的静止部分。三相定子绕组一般有六根引出线，出线端装在机座外面的接线盒内，如图 19-3 所示，根据三相电源电压的不同，三相定子绕组可以接成星形（Y）或三角形（△），然后与三相交流电源相连。转子主要由转子铁心、转轴、鼠笼式转子绕组、风扇等组成，是电动机的旋转部分。小容量鼠笼式异步电动机的转子绕组大都采用铝浇铸而成，冷却方式一般都采用扇冷式。

（二）三相鼠笼式异步电动机的铭牌

三相鼠笼式异步电动机的各种额定值标记在电动机的铭牌上，其中功率表示额定运行情况下，电动机轴上输出的机械功率。电压表示额定运行情况下，定子三相绕组应加的电源线电压值。接法表示定子三相绕组接法，当额定电压为 380V/220V 时，应为 Y/△ 接法。电流表示额定运行情况下，电动机输出额定功率时定子电路的线电流值。

（三）三相鼠笼式异步电动机的检查

电动机使用前应做必要的检查。

1. 机械检查

检查引出线是否齐全、牢靠；转子转动是否灵活、匀称、有否异常声响等。

2. 电气检查

用兆欧表检查电机绕组间及绕组与机壳之间的绝缘性能。电动机的绝缘电阻可以用兆欧表进行测量。对额定电压 1kV 以下的电动机，其绝缘电阻值最低不得小于 $1000\Omega/V$，电动机绝缘测量图如图 19-4 所示。一般 500V 以下的中小型电动机最低应具有 $2M\Omega$ 的绝缘电阻。

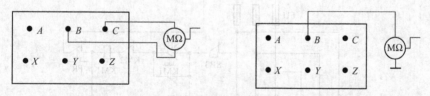

图 19-4　电动机绝缘测量图

（四）定子绕组首、末端的判别

异步电动机三相定子绕组的六个出线端有三个首端和三相末端。一般，首端标以 A、B、C，末端标以 X、Y、Z，在接线时如果没有按照首、末端的标记来接，则当电动机启动时磁势和电流就会不平衡，因而引起绕组发热、振动、有噪声，甚至电动机不能启动因过热而烧毁。由于某种原因定子绕组六个出线端标记无法辨认，可以通过实验方法来判别其首、末端（即同名端），方法如下。

（1）用万用电表欧姆挡从六个出线端确定哪一对引出线是属于同一相的，分别找出三相

97

绕组，并标以符号，如 A、X，B、Y，C、Z。将其中的任意两相绕组串联，如图 19-5 所示。

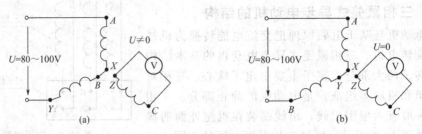

图 19-5　绕组辨识图

（2）将控制屏三相自耦调压器手柄置零位，开启电源总开关，按下启动按钮，接通三相交流电源。调节调压器输出，使在相串联两相绕组出线端施以单相低电压 $U=80\sim100\text{V}$，测出第三相绕组的电压，如测得的电压值有一定读数，表示两相绕组的末端与首端相联，如图 19-5（a）所示。反之，如测得的电压近似为零，则两相绕组的末端与末端（或首端与首端）相联，如图 19-5（b）所示。用同样方法可测出第三相绕组的首末端。

（五）三相鼠笼式异步电动机的启动

鼠笼式异步电动机的直接启动电流可达额定电流的 4～7 倍，但持续时间很短，不致引起电动机过热而烧坏。但对容量较大的电动机，过大的启动电流会导致电网电压的下降而影响其他的负载正常运行，通常采用降压启动，最常用的是Y-△换接启动，它可使启动电流减小到直接启动的 1/3。其使用的条件是正常运行必须作△接法。

（六）三相鼠笼式异步电动机的正反转控制

下面简要分析三相异步电动机正反转控制电路的工作过程。

（1）主电路如图 19-6 所示，接触器 KM1、KM2 分别闭合，完成换相实现电动机正反转。KM1、KM2 不能同时闭合，否则会造成主电路两相短路，电路用 FR 实现过载保护。

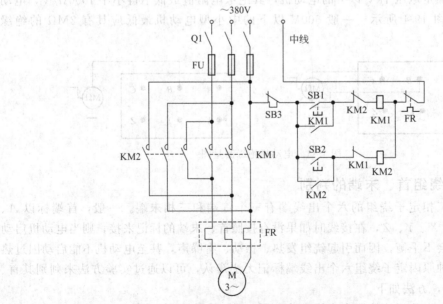

图 19-6　单重联锁正反转控制线路

（2）控制电路控制电路实质是由两条并联的启动支路组成，但为了生产、安全的需要又在各支路中附加了制约触头。保证了 KM1、KM2 不能同时得电，从而可靠地避免了两相电源短路事故的发生，电路安全、可靠。这种在一个接触器得电动作时通过其常闭辅助触头使另一个接触器不能得电动作的作用称为联锁（或互锁）。该电路要改变电动机的转向必须先按下停止按钮使接触器失电，各触头断开恢复原状解除联锁，再按下反转启动按钮，电动机才能反转。

（3）如图 19-7，它将正、反转控制按钮 SB1、SB2 换成复合按钮，用对应的常闭触头代替接触器相应的常闭辅助触头构成联锁完成正反转控制。这样电动机改变转向时，可直接按下反转（相对于另一转向）按钮即可，而不必先按停止按钮，同时保证了两个接触器 KM1、KM2 线圈不会同时得电闭合。例如，KM1 吸合电动机正转时，按下反转按钮 SB2，串联在 KM1 线圈支路中 SB2 的常闭触头先断开，使 KM1 线圈失电，其主触头、自锁辅助触头断开，电动机断电但仍惯性运转。SB2 按下后经过一定的行程，其常开触头闭合，接通反转控制电路，电动机反转。该电路虽操作方便，但安全欠佳，不可靠。例如，当正转接触器 KM1 吸合后主触头发生熔焊或动铁芯被杂物卡住等故障时，即使线圈失电，主触头也无法分开，这时若按下反转按钮 SB2，KM2 得电动作，主触头闭合造成电源两相短路。因此实际中不单独采用按钮联锁的正反转控制电路，而是采用按钮、接触器双重联锁的正反转控制电路。

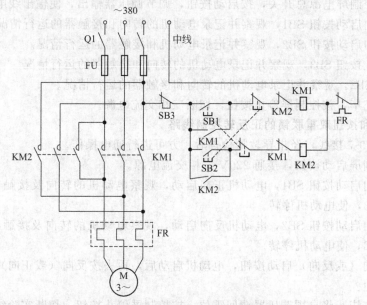

图 19-7　双重联锁正反转控制线路

三、实验目的

（1）了解按钮、接触器等常用控制电器的结构及其使用方法。

（2）通过对三相异步电动机正反转控制线路的接线，掌握由电路原理图接成实际电路的方法。

（3）加深理解三相异步电动机的工作原理。

（4）掌握三相异步电动机正反转线路的控制原理与方法。

四、实验设备

见表 19-1。

表 19-1　实验设备

序号	名称	型号与规格	数量
1	三相交流电源	380V	1
2	三相鼠笼式异步电动机	WDJ24	1
3	交流接触器		2
4	按钮		3
5	热继电器		1
6	交流电压表	0～500V	1
7	万用表		1

五、实验内容

1. 接触器联锁的正反转控制线路

（1）按图 19-6 接线，经指导教师检查后，方可进行通电操作。

（2）开启控制屏电源总开关，按启动按钮，调节调压器输出，使输出线电压为 220V。

（3）按正向启动按钮 SB1，观察并记录电动机的转向和接触器的运行情况。

（4）按反向启动按钮 SB2，观察并记录电动机和接触器的运行情况。

（5）按停止按钮 SB3，观察并记录电动机的转向和接触器的运行情况。

（6）再按 SB2，观察并记录电动机的转向和接触器的运行情况。

（7）实验完毕，按控制屏停止按钮，切断三相交流电源。

2. 接触器和按钮双重联锁的正反转控制线路

（1）按图 19-7 接线，经指导教师检查后，方可进行通电操作。

（2）按控制屏启动按钮，接通 220V 三相交流电源。

（3）按正向启动按钮 SB1，电动机正向启动，观察电动机的转向及接触器的动作情况。按停止按钮 SB3，使电动机停转。

（4）按反向启动按钮 SB2，电动机反向启动，观察电动机的转向及接触器的动作情况。按停止按钮 SB3，使电动机停转。

（5）按正向（或反向）启动按钮，电动机启动后，再去按反向（或正向）启动按钮，观察有何情况发生？

（6）实验完毕，将自耦调压器调回零位，按控制屏停止按钮，切断实验线路电源。

六、实验注意事项

（1）接通电源后，按启动按钮（SB1 或 SB2），接触器吸合，但电动机不转，且发出"嗡嗡"声响或电动机能启动，但转速很慢。这种故障来自主回路，大多是一相断线或电源缺相。

（2）接通电源后，按启动按钮（SB1 或 SB2），若接触器通断频繁，且发出连续的劈啪声或吸合不牢，发出颤动声，此类故障可能的原因如下。

① 线路接错，将接触器线圈与自身的动断触头串在一条回路上了。

② 自锁触头接触不良，时通时断。

③ 接触器铁芯上的短路环脱落或断裂。

④ 电源电压过低或与接触器线圈电压等级不匹配。

七、实验思考题

（1）在电动机正、反转控制线路中，为什么必须保证两个接触器不能同时工作？采用哪些措施可解决此问题，这些方法有何利弊，最佳方案是什么？

（2）在控制线路中，短路、过载、失压、欠压保护等功能是如何实现的？在实际运行过程中，这几种保护有何意义？

八、实验报告

（1）阐述三相异步电动机正反转控制线路工作原理。

（2）绘出实验电路图。

实验二十　LED照明控制电路的设计

一、背景知识

2014 年的诺贝尔物理学奖颁发给了三位日本科学家，以表彰他们在研制蓝色发光二极管（LED）方面所做出的贡献。红光和绿光 LED 的问世已经很久了，蓝光 LED 出现的价值在于它使得人们开始能够以这三种颜色的 LED 为基础，采用全新的方式创造出白色 LED 光源，从而使人类能够拥有更加持久、更加高效的新光源技术来替代古老的光源。实验表明，白色 LED 灯的发光效率是 300 流明/瓦特，这是荧光灯的 4 倍、白炽灯的近 20 倍，而且它的使用寿命可达 10 万小时，是荧光灯的 10 倍、白炽灯的 100 倍。正是因为具有这些优点，LED 作为目前发光效率最高的光源已经开始应用于生产、生活的方方面面。以煤矿井下照明为例，以往采用的光源主要是白炽灯和荧光灯，此类光源不仅污染环境，而且发光效率不高。LED 光源可以充分满足矿井照明的要求，它具有照明质量好、发光效率高、节约电能、没有污染、安全可靠、坚固耐用并便于安装、使用和维修等优点。

LED 作为新一代的绿色光源产品与传统光源的发光效果相比，具有发光效率高、体积小、节约电能、使用寿命长等技术特点，不仅可以应用于民用领域内的城市景观照明，还可以应用于工矿领域内的生产照明以及生产过程中各种信号的指示和生产数据的显示。

二、实验原理

1. LED 是一种可以把电能转化成光能的半导体二极管

发光二极管与普通二极管一样是由一个 PN 结组成的，也具有单向导电性。因此，LED 只能往一个方向导通（通电），叫作正向偏置（正向偏压），当电流流过时，电子与空穴在其内复合而发出单色光，这叫电致发光效应，而光线的波长、颜色跟其所采用的半导体材料种类与掺入的元素杂质有关。LED 具有效率高、寿命长、不易破损、开关速度高、高可靠性等传统光源不及的优点。与白炽灯泡和氖灯相比，发光二极管的特点是工作电压很低（有的仅一点几伏）、工作电流很小（有的仅零点几毫安即可发光）、抗冲击和抗震性能好，可靠性高、寿命长、通过调制通过的电流强弱可以方便地调制发光的强弱。由于有这些特点，发光二极管在一些光电控制设备中用作光源，在许多电子设备中用作信号显示器。

2. 单刀双掷和双刀双掷开关原理图

如图 20-1～图 20-4。

图 20-1　单刀双掷开关实物

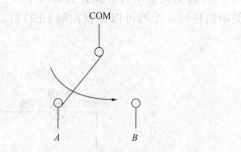

图 20-2　单刀双掷开关原理

图 20-3　双刀双掷开关实物

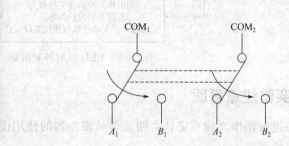

图 20-4　双刀双掷开关原理

拨动开关时，COM 端接通 A 端或 B 端。

拨动开关时，COM_1 端接通 A_1 端或 B_1 端，同时，COM_2 端接通 A_2 端或 B_2 端。可见，双刀双掷开关可以看作是两个单刀双掷开关并联在一起。

三、实验目的

（1）掌握 LED（发光二极管）的工作原理。

（2）掌握通过调节波形和频率来设计 LED 照明控制电路的方法。

（3）掌握利用单刀双掷和双刀双掷开关来设计 LED 照明控制电路的方法。

四、实验设备

见表 20-1。

表 20-1　实验设备

序号	名称	型号与规格	数量
1	函数信号发生器		1
2	LED 实验箱	自制	1

五、实验内容

（1）将 LED 照明控制实验数据填入表 20-2。

（2）电路设计要求。

① 利用两个单刀双掷开关来设计图 20-5 方框中电路，实现两个开关中的任何一个都可

以单独控制 LED 灯，并绘制出电路图。

② 利用两个单刀双掷开关和一个双刀双掷开关来设计图 20-5 方框中电路，实现三个开关中的任何一个都可以单独控制 LED 灯，并绘制出电路图。

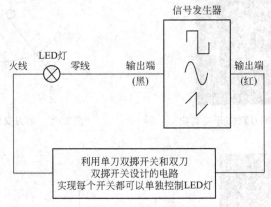

图 20-5　LED 照明控制电路

六、实验注意事项

（1）在进行操作之前一定认真阅读信号发生器的使用说明，并且看懂单刀双掷和双刀双掷开关工作原理。

（2）完成电路设计之后，一定认真检查接线，然后通电。

七、实验思考题

有几种方法可以实现对 LED 照明电路的控制？请举例说明。

八、实验报告

（1）对所设计的电路进行测试。

（2）画出所设计的电路图。

（3）总结设计电路的体会。

九、实验数据

见表 20-2。

表 20-2　LED 照明控制实验数据

波形	LED 灯停止闪烁时的频率/Hz	周期/s
方波		
正弦波		
三角波		

实验二十一 SSI组合逻辑电路的设计与测试

一、背景知识

数字电路的广泛应用和高度发展标志着现代电子技术的水准，电子计算机、数字式仪表、数字化通信以及繁多的数字控制装置等方面都是以数字电路为基础的。

数字电路根据逻辑功能的不同特点，可以分成两大类，一类叫组合逻辑电路（简称组合电路），另一类叫时序逻辑电路（简称时序电路）。逻辑电路是一种离散信号的传递和处理，以二进制为原理、实现数字信号逻辑运算和操作的电路。前者由最基本的"与门"电路、"或门"电路和"非门"电路组成，其输出值仅依赖于其输入变量的当前值，与输入变量的过去值无关，即不具记忆和存储功能；后者也由上述基本逻辑门电路组成，但存在反馈回路——它的输出值不仅依赖于输入变量的当前值，也依赖于输入变量的过去值。换句话说，时序逻辑电路拥有储存元件（内存）来存储信息，而组合逻辑电路则没有。

逻辑电路由于只分高、低电平，抗干扰力强，精度和保密性佳，广泛应用于计算机、数字控制、通信、自动化和仪表等方面。以图 21-1 为例进行简单说明，正常情况下只有一个灯亮，红灯亮表示停车，黄灯亮表示准备，绿灯亮表示通行；如果全不亮或两个灯同时亮，则表示故障用故障指示灯 L 指示。信号灯旁的光电检测元件经放大电路，分别接到红、黄、绿三端，当灯亮时，输入端为高电平。当发生故障时，晶体管 T 导通，继电器 KA 通电，其常开触电闭合，故障指示灯 L 亮。

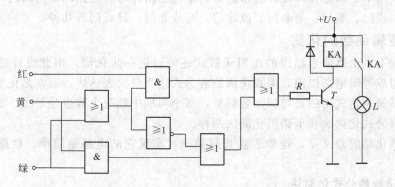

图 21-1　交通指示灯故障检查电路

二、实验原理

（一）逻辑变量与逻辑函数

逻辑是指事物因果之间所遵循的规律。为了避免用冗繁的文字来描述逻辑问题，逻辑代数采用逻辑变量和一套运算符组成逻辑函数表达式来描述事物的因果关系。

　　逻辑代数中的变量称为逻辑变量，一般用大写字母 A、B、C、…表示，逻辑变量的取值只有两种，即逻辑 0 和逻辑 1，0 和 1 称为逻辑常量。但必须指出，这里的逻辑 0 和 1 本身并没有数值意义，它们并不代表数量的大小，而仅仅是作为一种符号，代表事物矛盾双方的两种状态。

　　逻辑函数与普通代数中的函数相似，它是随自变量的变化而变化的因变量。因此，如果用自变量和因变量分别表示某一事件发生的条件和结果，那么该事件的因果关系就可以用逻辑函数来描述。

　　数字电路的输入、输出量一般用高、低电平来表示，高、低电平也可以用二值逻辑 1 和 0 来表示。同时数字电路的输出与输入之间的关系是一种因果关系，因此它可以用逻辑函数来描述，并称为逻辑电路。对于任何一个电路，若输入逻辑变量 A、B、C、…的取值确定后，其输出逻辑变量 F 的值也被唯一地确定了，则可以称 F 是 A、B、C、…的逻辑函数，并记为 $F=f(A，B，C，…)$。

　　逻辑函数有 5 种表示形式，即真值表、逻辑表达式、卡诺图、逻辑图和波形图。只要知道其中一种表示形式，就可转换为其他几种表示形式。

（二）组合逻辑电路

　　组合逻辑电路是最常见的逻辑电路，其特点是在任何时刻电路的输出信号仅取该时刻的输入信号，而与信号作用前电路原来所处的状态无关。组合逻辑电路如图 21-2 所示。

图 21-2　组合逻辑电路

　　用以实现基本逻辑运算和复合逻辑运算的单元电路称为门电路。常用的门电路在逻辑功能上有与门、或门、非门、与非门、或非门、与或非门、异或门等几种。

（三）逻辑函数的化简

　　一般情况下，由真值表给出的逻辑函数式还可以进一步化简，由此设计的电路更为简单。因此，组成逻辑电路以前，需要将函数表达式化为最简表达式，通常是化为最简与或表达式。所谓最简表达式指的是与项项数最少，每个与项中变量个数也是最少。逻辑函数常用的化简方法有公式化简法和卡诺图化简法两种。

　　逻辑函数化简的意义是，逻辑表达式越简单，实现它的电路越简单，电路工作越稳定可靠。

1. 逻辑函数的公式化简法

　　对逻辑函数的基本定律、公式和规则的熟悉应用，是化简逻辑函数的基础，反复使用这些定律、公式和规则，可以将复杂的逻辑函数转换成等效的最简形式。常用的公式化简法有并项法、吸收法、消去法和配项法等。

　　例：用非门和与非门实现逻辑函数

$$Y=A+AB+A\overline{BC}+BC+\overline{B}C \tag{21-1}$$

解：直接将表达式变换成与非-与非式

$$Y=\overline{\overline{A+AB+A\overline{B}C+BC+\overline{B}C}}=\overline{\overline{A}\cdot\overline{AB}\cdot\overline{A\overline{B}C}\cdot\overline{BC}\cdot\overline{\overline{B}C}} \tag{21-2}$$

可见，实现该函数需要用两个非门、四个两输入端与非门、一个五输入端与非门。电路较复杂。

若将该函数化简并作变换

$$Y=A+AB+A\overline{B}C+BC+\overline{B}C \tag{21-3}$$

$$Y=A(1+B+\overline{B}C)+C(B+\overline{B})=A+C=\overline{\overline{A}\cdot\overline{C}} \tag{21-4}$$

可见，实现该函数需要用两个非门和一个两输入端与非门即可。电路很简单。

2. 逻辑函数的卡诺图化简法

公式化简法的优点是变量个数不受限制，缺点是目前尚无一套完整的方法，结果是否最简有时不易判断。

利用卡诺图可以直观而方便地化简逻辑函数。它克服了公式化简法对最终化简结果难以确定等缺点。卡诺图是按一定规则画出来的方框图，是逻辑函数的图解化简法，同时它也是表示逻辑函数的一种方法。

卡诺图的基本组成单元是最小项，所以先讨论一下最小项及最小项表达。在卡诺图上以最少的卡诺圈数和尽可能大的卡诺圈覆盖所有填 1 的方格，即满足最小覆盖，就可以求得逻辑函数的最简与或式。

化简的一般步骤是如下。

（1）画出逻辑函数的 K 图。

（2）先从只有一种圈法的最小项开始圈起，K 圈的数目应最少（与项的项数最少），K 圈应尽量大（对应与项中变量数最少）。

（3）将每个 K 圈写成相应的与项，并将它们相或，便得到最简与或式。圈 K 圈时应注意，根据重叠律（$A+A=A$），任何一个 1 格可以多次被圈用，但如果在某个 K 圈中所有的 1 格均已被别的 K 圈圈过，则该圈为多余圈。为了避免出现多余圈，应保证每个 K 圈内至少有一个 1 格只被圈一次。

例：求 $F=\overline{B}CD+\overline{A}B\overline{D}+\overline{B}\overline{C}D+AB\overline{C}+ABCD$ 的最简与或式。

解：①画出 F 的 K 图。给出的 F 为一般与或式，将每个与项所覆盖的最小项都填 1。K 图如图 21-3 所示。

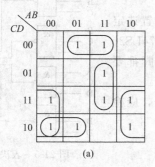　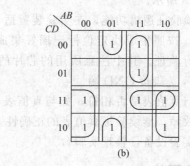

图 21-3　卡诺图

② 画 K 圈化简函数。

③ 写出最简与或式。

本例有两种圈法，都可以得到最简式。

按图 21-3(a) 圈法

$$F = \overline{B}C + \overline{A}C\overline{D} + B\overline{C}D + ABD \tag{21-5}$$

按图 21-3(b) 圈法

$$F = \overline{B}C + \overline{A}B\overline{D} + AB\overline{C} + ACD \tag{21-6}$$

该例说明，逻辑函数的最简式不是唯一的。

(四) 组合逻辑电路的分析方法

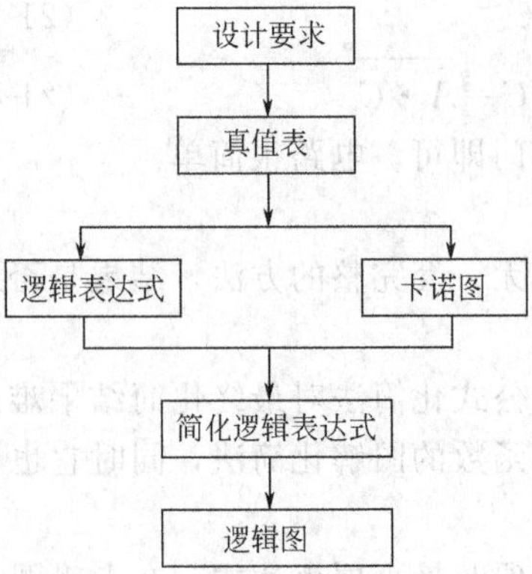

使用中、小规模集成电路来设计组合逻辑电路是最常见的逻辑电路。组合逻辑电路设计流程如图 21-4 所示。

根据设计任务的要求建立输入、输出变量，并列出真值表。然后用逻辑代数或卡诺图化简法求出简化的逻辑表达式。并按实际选用逻辑门的类型修改逻辑表达式。根据简化后的逻辑表达式，画出逻辑图，用标准器件构成逻辑电路。最后，用实验来验证设计的正确性。

图 21-4 中的流程框：
设计要求 → 真值表 → 逻辑表达式 / 卡诺图 → 简化逻辑表达式 → 逻辑图

图 21-4 组合逻辑电路设计流程

例：用"与非门"设计一个表决电路。当四个输入端中有三个或四个为"1"时，输出端才为"1"。

操作步骤如下。

(1) 根据设计要求，列出真值表 (表 21-1)。

表 21-1 真值表

A	0	0	0	0	0	0	0	0	1	1	1	1	1	1	1	1
B	0	0	0	0	1	1	1	1	0	0	0	0	1	1	1	1
C	0	0	1	1	0	0	1	1	0	0	1	1	0	0	1	1
D	0	1	0	1	0	1	0	1	0	1	0	1	0	1	0	1
Z	0	0	0	0	0	0	0	1	0	0	0	1	0	1	1	1

(2) 得出逻辑表达式，并演化成"与非"的形式

$$Y = ABC + BCD + ACD + ABD + ABCD = \overline{\overline{ABC} \cdot \overline{BCD} \cdot \overline{ACD} \cdot \overline{ABC}} \tag{21-7}$$

(3) 根据逻辑表达式画出用"与非门"构成的表决逻辑电路如图 21-5 所示。

(4) 用实验验证逻辑功能，在实验装置适当位置选定三个 14P 插座，按照集成块定位标记插好集成块 74LS20 连接线路，进行验证。其中注意所用的芯片的 14 脚都要接 +5V 直流电，7 脚接 GND 端。

(5) 检查与真值表是否相符，如与真值表不符，应检查线路并排除故障，继续验证真值表的正确性。

(6) 收拾实验设备，整理实验台。

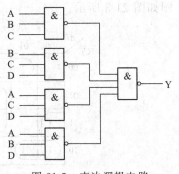

图 21-5 表决逻辑电路

三、实验目的

(1) 练习简单组合逻辑电路的设计与调试。

(2) 掌握组合逻辑电路的设计与测试方法。

四、实验设备

见表 21-2。

表 21-2　实验设备

序号	名称	型号与规格	数量
1	数电、模电实验箱		1
2	直流稳压电源	+5 V	1
3	芯片	74LS20、CD4011 或 74LS32、74LS08	

五、实验内容

组合逻辑电路的设计与测试。

设计一个三人表决器，每人有一按键，如赞成就按键，表示为"1"；如果不赞成就不按键，表示为"0"。表决结果用指示灯显示，如多数赞成则指示灯亮，输出为"1"；反之则不亮，输出为"0"。按此设计要求设计电路，其测量数据记入表 21-3。

六、实验注意事项

（1）芯片的 14 管脚接电源，7 管脚接地。

（2）用导线连接前，首先检查导线是否导通良好。

七、实验思考题

（1）复习组合逻辑电路的设计方法及相关内容。

（2）根据实验任务要求设计组合电路，并根据所给的标准器件画出逻辑图。

八、实验报告

（1）列写实验任务的设计过程，画出设计的电路图。

（2）对所设计的电路进行实验测试，记录测试结果。

（3）组合电路设计体会。

九、实验数据

见表 21-3。

表 21-3　实验数据

实验二十二　四人表决器的设计

一、背景知识

处理数字信号的电路叫数字电路，数字电路主要研究电路的逻辑功能。在数字电路中根据逻辑功能的不同特点，可将其分为两大类，一类是组合逻辑电路，另一类是时序逻辑电路。组合逻辑电路是数字电路的一种重要的逻辑电路，是时序逻辑电路设计的基础。

组合逻辑电路就是将基本逻辑门与、或、非组合起来使用的逻辑电路。组合逻辑电路在逻辑功能上的共同特点是，任意时刻的输出状态仅取决于该时刻的输入状态，与电路原来的状态无关。由于组合逻辑电路的输出状态与电路的原来状态无关，所以组合逻辑电路是一种无记忆功能的电路。在电路结构上的特点是，它是由各种门电路组成的，而且只有从输入到输出的通路，没有从输出到输入的反馈回路。组合逻辑电路的设计就是将实际的、有因果关系的问题用一个较合理、经济、可靠的逻辑电路来实现。组合逻辑电路所遵循的原则一般来说在保证速度、稳定、可靠的逻辑正确的情况下，尽可能使用最少的器件，降低成本是逻辑设计者的任务。

二、实验原理

组合逻辑电路是最常见的逻辑电路，其特点是在任何时刻电路的输出信号仅取决于该时刻的输入信号，而与信号作用前电路原来所处的状态无关。组合逻辑电路如图 22-1 所示。

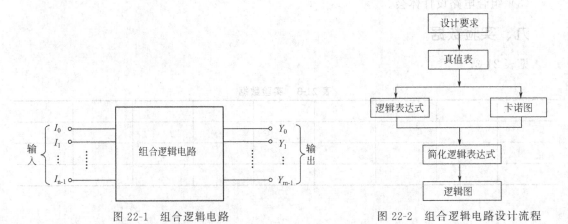

图 22-1　组合逻辑电路　　　　　图 22-2　组合逻辑电路设计流程

组合逻辑电路设计流程如图 22-2 所示。

首先根据设计任务的要求建立输入、输出变量，并列出真值表，然后用逻辑代数或卡诺图化简法求出简化的逻辑表达式，并按实际选用逻辑门的类型修改逻辑表达式，根据简化后的逻辑表达式，画出逻辑图，用标准器件构成逻辑电路，最后，用实验来验证设计的正确性。

例如，用"与门""或门"设计一个四人表决器。每人有一按键，如赞成就按键，表示为"1"；如果不赞成就不按键，表示为"0"。表决结果用指示灯显示，如多数赞成则指示灯亮，输出为"1"；反之则不亮，输出为"0"。

（1）根据设计要求，列出真值表（表 22-1）。

表 22-1 四人表决器真值表

A	0	0	0	0	0	0	0	0	1	1	1	1	1	1	1	1
B	0	0	0	0	1	1	1	1	0	0	0	0	1	1	1	1
C	0	0	1	1	0	0	1	1	0	0	1	1	0	0	1	1
D	0	1	0	1	0	1	0	1	0	1	0	1	0	1	0	1
Y	0	0	0	0	0	0	0	1	0	0	0	1	0	1	1	1

（2）得出逻辑表达式。

$$Y = \overline{A}BCD + A\overline{B}CD + AB\overline{C}D + ABC\overline{D} + ABCD$$

（3）化简逻辑表达式。

$$Y = ABC + BCD + ACD + ABD$$

（4）根据逻辑表达式画出用"与门""或门"构成的组合逻辑电路（图 22-3）。

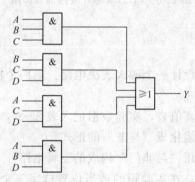

图 22-3 用"与门""或门"构成的组合逻辑电路

（5）安装实际电路所采用的芯片（图 22-4）。

图 22-4 选用芯片

三、实验目的

（1）掌握四人表决器的设计步骤与方法。

（2）掌握四人表决器的接线与测试方法。

四、实验设备

见表 22-2。

表 22-2　实验设备

序号	名称	型号与规格	数量
1	EEL-08 数字技术实验箱		1
2	直流稳压电源		1
3	芯片（图 22-5）	74LS20	1

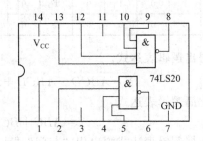

图 22-5　74LS20 芯片及内部管脚图

五、实验内容

设计要求是用"与非门"设计一个四人表决电路。当四个输入端中有三个或四个为"1"时，输出端才为"1"。

（1）根据设计要求，列出真值表，实验数据记入表 22-3。

（2）得出逻辑表达式，并演化成"与非"的形式。

（3）根据逻辑表达式画出用"与非门"构成的逻辑电路。

（4）用实验检验逻辑功能，在实验箱的适当位置选定三个 14P 插座，按照集成块定位标记插好 74LS20 芯片。连接逻辑电路图进行验证。其中注意所用的芯片的 14 脚都要接 +5V 直流电，7 脚接 GND 端。

（5）检查与真值表是否相符，如与真值表不符，应检查线路并排除故障，继续验证真值表的正确性。

六、实验注意事项

（1）芯片的 14 管脚接 +5V 直流稳压电源，7 管脚接地。

（2）使用导线连接前，首先检查各导线是否导通良好。

（3）实验结果如不正确，请检查各管脚连接是否准确，线路是否连接准确。

七、实验思考题

（1）复习组合逻辑电路的设计方法及相关内容。

（2）根据实验任务要求设计组合电路，并根据所给的标准器件画出逻辑图。

八、实验报告

（1）列写实验任务的设计过程，画出设计的电路图。
（2）对所设计的电路进行实验测试，记录测试结果。
（3）组合电路设计体会。

九、实验数据

见表 22-3。

表 22-3　实验数据

A										
B										
C										
D										
Y										

实验二十三　常用电子元器件的识别与应用

一、背景知识

手机、电脑、冰箱等电器设备在我们日常生活中被广泛应用，而这些设备中必然存在不同的电子电路，而电子电路的组成离不开最基本的电子元器件。电子元器件是元件和器件的总称。电子元件是指在工厂生产加工时不改变分子成分的成品，如电阻器、电容器、电感器。因为它本身不产生电子，它对电压、电流无控制和变换作用，所以又称无源器件。电子器件对电压、电流有控制、变换作用（放大、开关、整流、检波、振荡和调制等）。电子元器件行业主要由电子元件业、半导体分立器件和集成电路业等部分组成。电子元器件包括电阻、电容器、电位器、电子管、散热器、机电元件、连接器、半导体分立器件、电声器件、激光器件、电子显示器件、光电器件、传感器、电源、开关、微特电动机、电子变压器、继电器、印制电路板、集成电路、各类电路、压电、晶体、石英、陶瓷磁性材料、印制电路用基材基板、电子功能工艺专用材料、电子胶（带）制品、电子化学材料及部品等。不同的电子元器件组成了不同的电子电路，实现电子设备的不同的功能。

我们以计算机为例，看以下电子设备上存在的不同电子元器件。图 23-1 为电脑主板上的贴片电阻、电容和电感，离了这些基本的电子元件计算机没有办法正常工作。元器件就是主板稳定工作的基石。识别不同的电子元器件对于维护、分析、研究电子电路具有重要的意义。

图 23-1　电脑主板上的贴片电阻、电容和电感

二、实验原理

1. 电阻的识别与应用

电阻在电路中用"R"加数字表示，如 R_1 表示编号为 1 的电阻。电阻在电路中的主要作用为分流、限流、分压、偏置等。电阻的单位为欧姆（Ω），倍率单位有千欧（kΩ）、兆

欧（MΩ）等。换算方法，$1MΩ=10^3 kΩ=10^6 Ω$。电阻的参数标注方法有 3 种，即直标法、数标法和色标法。直标法可从电阻器上直接读出阻值。数标法主要用于贴片等小体积的电阻，如 472 表示 $47×100Ω$（即 4.7k），104 则表示 $10×10000Ω$（即 100kΩ）。色标法使用最多，它是根据电阻上几道色环的颜色来辨别出电阻的阻值。电阻器上一般标有四道色环或五道色环，标有五道色环的为精密电阻，如图 23-2 所示。在所有的色环当中离电阻器边缘最近的一环为第一环，其余顺次为二道、三道、四道、五道色环。无论电阻器上标有四道色环还是五道色环，最后一环都表示误差，另外最后一环离前四环的距离较远。根据色环颜色的不同可识别出电阻的阻值。例如，一个电阻器的色环分别为棕、绿、红、棕，则这个电阻的阻值为 1500Ω。色环所代表的具体意义如表 23-1 所示。

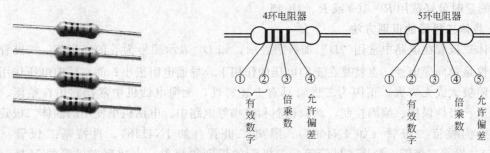

图 23-2　色环电阻

表 23-1　色环颜色代表的意义

颜色	有效数字	倍率	允许偏差/%	颜色	有效数字	倍率	允许偏差/%
棕色	1	×10	±1	紫色	7	×10000000	±0.1
红色	2	×100	±2	灰色	8	×100000000	—
橙色	3	×1000	—	白色	9	×1000000000	—
黄色	4	×10000	—	黑色	0	×1	—
绿色	5	×100000	±0.5	金色	—	×0.1	±5
蓝色	6	×1000000	±0.2	银色	—	×0.01	±10

2. 电容的识别与应用

电容在电路中一般用"C"加数字表示，如 C_{13} 表示编号为 13 的电容。电容是由两片金属膜紧靠、中间用绝缘材料隔开而组成的元件。电容的作用主要是隔直流通交流，电容容量的大小就是表示能储存电能的大小。电容对交流信号的阻碍作用称为容抗，它与交流信号的频率和电容量有关。容抗用 X_C 来表示，即

$$X_C = \frac{1}{2\pi f C} \tag{23-1}$$

其中 f 表示交流信号的频率，C 表示电容容量。电话机中常用电容的种类有电解电容、瓷片电容、贴片电容、独石电容、钽电容和涤纶电容等。电容的识别方法与电阻的识别方法基本相同，分直标法、色标法和数标法 3 种。电容的基本单位用法拉（F）表示，其他单位还有毫法（mF）、微法（μF）、纳法（nF）、皮法（pF）。其中，$1F=10^3 mF=10^6 μF=10^9 nF=10^{12} pF$。容量大的电容，其容量值在电容上直接标明，如 10μF/16V。容量小的电容，其容量值在电容上用字母表示或数字表示。字母表示法如 1m=1000μF，1P2=1.2pF，1n=1000pF。数字表示法一般用三位数字表示容量大小，前两位表示有效数字，第三位数字是

倍率，如 102 表示 $10 \times 100pF = 1000pF$ ，224 表示 $22 \times 10000pF = 2.2\mu F$。电容容量误差符号有 F、G、J、K、L、M，允许误差分别为 $\pm 1\%$、$\pm 2\%$、$\pm 5\%$、$\pm 10\%$、$\pm 15\%$、$\pm 20\%$。例如，一瓷片电容为 104J，则它表示容量为 $0.1\mu F$、误差为 $\pm 5\%$ 的电容。电解电容可用万用表的电阻挡测量其极性，只有电解电容的正极接电源正（指针式万用表电阻挡的黑表笔），负极接电源负（指针式万用表电阻挡的红表笔）时，电解电容的漏电流才小（漏电阻大）。反之，则电解电容的漏电流增加（漏电阻减小）。测量时，先假定某极为"＋"极，让其与万用表的黑表笔相接，另一电极与万用表的红表笔相接，记下表针停止的刻度（表针靠左阻值大），然后将电容器放电（既两根引线碰一下），两只表笔对调，重新进行测量。两次测量中，表针最后停留的位置靠左（阻值大）的那次，黑表笔接的就是电解电容的正极。测量时最好选用 $R \times 100$ 或 $R \times 1K$ 挡。

3. 晶体二极管的识别方法

晶体二极管在电路中常用"D"加数字表示，如 D_5 表示编号为 5 的二极管。二极管的主要特性是单向导电性，也就是在正向电压的作用下，导通电阻很小；而在反向电压作用下导通电阻极大或无穷大。正因为二极管具有上述特性，无绳电话机中常把它用在整流、隔离、稳压、极性保护、编码控制、调频调制和静噪等电路中。电话机里使用的晶体二极管按作用可分为整流二极管（如 1N4004）、隔离二极管（如 1N4148）、肖特基二极管（如 BAT85）、发光二极管、稳压二极管等。二极管的识别很简单，小功率二极管的 N 极（负极），在二极管外表大多采用一种色圈标出来，有些二极管也用二极管专用符号来表示 P 极（正极）或 N 极（负极），也有采用符号标志为"P""N"来确定二极管极性的。发光二极管的正负极可从引脚长短来识别，长脚为正，短脚为负。用数字式万用表去测二极管时，红表笔接二极管的正极，黑表笔接二极管的负极，此时测得的阻值才是二极管的正向导通阻值，这与指针式万用表的表笔接法刚好相反。

4. 稳压二极管的识别方法

稳压二极管在电路中常用"ZD"加数字表示，如 ZD_5 表示编号为 5 的稳压管。稳压二极管的稳压原理就是在二极管被击穿后，其两端的电压基本保持不变。这样当把稳压管接入电路以后，若由于电源电压发生波动，或其他原因造成电路中各点电压变动时，负载两端的电压将基本保持不变。稳压二极管的故障主要表现在开路、短路和稳压值不稳定。在这 3 种故障中前一种故障表现出电源电压升高，后两种故障表现为电源电压变低到零伏或输出不稳定。

5. 电感的识别方法

电感在电路中常用"L"加数字表示，如 L_6 表示编号为 6 的电感。电感线圈是将绝缘的导线在绝缘的骨架上绕一定的圈数制成。直流可通过线圈，直流电阻就是导线本身的电阻，压降很小；当交流信号通过线圈时，线圈两端将会产生自感电动势，自感电动势的方向与外加电压的方向相反，阻碍交流的通过，所以电感的特性是通直流阻交流，频率越高，线圈阻抗越大。电感在电路中可与电容组成振荡电路。电感一般有直标法和色标法，色标法与电阻类似，如棕、黑、金、金表示 $1\mu H$（误差 5%）的电感。电感的基本单位为亨（H），换算单位关系为 $1H = 10^3 mH = 10^6 \mu H$。

6. 晶体三极管识别方法

晶体三极管在电路中常用"Q"加数字表示，如 Q_{17} 表示编号为 17 的三极管。晶体三极管（简称三极管）是内部含有 2 个 PN 结，并且具有放大能力的特殊器件。它分 NPN 型和 PNP 型两种类型，这两种类型的三极管从工作特性上可互相弥补，所谓 OTL 电路中的对管就是由 PNP 型和 NPN 型配对使用。电话机中常用的 PNP 型三极管有 A92、9015 等型号；NPN 型三极管有 A42、9014、9018、9013、9012 等型号。三极管的管脚必须正确辨认，否则，接入电路后不但不能正常工作，还可能烧坏晶体管。已知三极管类型及电极，指针式万用表判别晶体管好坏的方法如下。

（1）测 NPN 三极管：将万用表欧姆挡置"$R \times 100$"或"$R \times 1K$"处，把黑表笔接在基极上，将红表笔先后接在其余两个极上，如果两次测得的电阻值都较小，再将红表笔接在基极上，将黑表笔先后接在其余两个极上，如果两次测得的电阻值都很大，则说明三极管是好的。

（2）测 PNP 三极管：将万用表欧姆挡置"$R \times 100$"或"$R \times 1K$"处，把红表笔接在基极上，将黑表笔先后接在其余两个极上，如果两次测得的电阻值都较小，再将黑表笔接在基极上，将红表笔先后接在其余两个极上，如果两次测得的电阻值都很大，则说明三极管是好的。

当三极管上标记不清楚时，可以用万用表来初步确定三极管的好坏及类型（NPN 型还是 PNP 型），并辨别出 e、b、c 三个电极，测试方法如下。

① 用指针式万用表判断基极 b 和三极管的类型：将万用表欧姆挡置"$R \times 100$"或"$R \times 1K$"处，先假设三极管的某极为"基极"，并把黑表笔接在假设的基极上，将红表笔先后接在其余两个极上，如果两次测得的电阻值都很小（或约为几百欧至几千欧），则假设的基极是正确的，且被测三极管为 NPN 型管；同上，如果两次测得的电阻值都很大（约为几千欧至几十千欧），则假设的基极是正确的，且被测三极管为 PNP 型管。如果两次测得的电阻值是一大一小，则原来假设的基极是错误的，这时必须重新假设另一电极为"基极"，再重复上述测试。

② 判断集电极 c 和发射极 e：仍将指针式万用表欧姆挡置"$R \times 100$"或"$R \times 1K$"处，以 NPN 管为例，把黑表笔接在假设的集电极 c 上，红表笔接到假设的发射极 e 上，并用手捏住 b 和 c 极（不能使 b、c 直接接触），通过人体，相当 b、c 之间接入偏置电阻。读出表头所示的阻值，然后将两表笔反接重测。若第一次测得的阻值比第二次小，说明原假设成立，因为 c、e 间电阻值小说明通过万用表的电流大，偏置正常。

晶体三极管主要用于放大电路中起放大作用，在常见电路中有三种接法。为了便于比较，将晶体管三种接法电路所具有的特点列于表 23-2，供大家参考。

表 23-2　晶体管三种接法电路参数表

名称	共发射极电路	共集电极电路(射极输出器)	共基极电路
输入阻抗	中(几百欧~几千欧)	大(几十千欧以上)	小(几欧~几十欧)
输出阻抗	中(几千欧~几十千欧)	小(几欧~几十欧)	大(几十千欧~几百千欧)
电压放大倍数	大	小(小于1并接近于1)	大
电流放大倍数	大(几十)	大(几十)	小(小于1并接近1)
功率放大倍数	大(约 30~40dB)	小(约 10dB)	中(约 15~20dB)
频率特性	高频差	好	好

7. 场效应晶体管放大器

场效应晶体管具有较高输入阻抗和低噪声等优点，因而也被广泛应用于各种电子设备中。尤其用场效管作整个电子设备的输入级，可以获得一般晶体管很难达到的性能。场效应管分成结型和绝缘栅型两大类，其控制原理都是一样的。场效应管与晶体管的区别主要体现在以下几个方面。

（1）场效应管是电压控制元件，而晶体管是电流控制元件。在只允许从信号源取较少电流的情况下，应选用场效应管；而在信号电压较低，又允许从信号源取较多电流的条件下，应选用晶体管。

（2）场效应管是利用多数载流子导电，所以称为单极型器件；而晶体管是即有多数载流子，也利用少数载流子导电，被称为双极型器件。

（3）有些场效应管的源极和漏极可以互换使用，栅压也可正可负，灵活性比晶体管好。

（4）场效应管能在很小电流和很低电压的条件下工作，而且它的制造工艺可以很方便地把很多场效应管集成在一块硅片上，因此场效应管在大规模集成电路中得到了广泛的应用。

三、实验目的

（1）掌握一般电阻的识别方法。

（2）掌握一般电容的识别方法。

（3）掌握晶体管的识别方法。

（4）了解常用电子元器件在应用方面的一些注意事项。

四、实验设备

见表 23-3 所示。

表 23-3　实验设备

序号	名称	型号与规格	数量
1	晶体三极管	90 系列	1
2	电解电容		1
3	色环电阻	各种阻值	5
4	数字万用表		1
5	二极管		1

五、实验内容

1. 识别色环电阻

（1）根据色环颜色所代表的意义读出每个电阻的阻值。

（2）用万用表测出阻值加以验证，实验数据列入表 23-4 中。

2. 识别三极管

（1）用万用表判断三极管的好坏。

（2）用万用表分别判断三极管的管脚顺序。

3. 识别电容

（1）用指针式万用表测量电解电容的漏电电阻（漏电电流）。

（2）根据漏电电阻的大小判断出电容的正极和负极。

（3）用所学的方法识别电容的大小。

4. 识别晶体二极管

（1）用万用表测量二极管的阻值。

（2）格局阻值的大小，判断出二极管的正极和负极。

六、实验注意事项

（1）识别器件时一定要耐心、仔细。
（2）测量电阻阻值时注意欧姆挡位的选择。
（3）万用表的正负表笔不要接错，否则得不到正确的结果。

七、实验思考题

（1）课前查阅有关元器件识别方面的书籍，了解识别方法。
（2）电阻、电容、电感的分类都用哪些？
（3）辨别三极管管脚时，一般采取什么方法？

八、实验报告

（1）完成实验所要求的元器件识别工作。
（2）总结各种元器件的识别方法。
（3）感兴趣的同学可以掌握其他一些器件的识别方法，如晶闸管、继电器等。

九、实验数据

见表 23-4。

表 23-4　实验数据

序号	色环的颜色	读出的阻值	万用表测量阻值
1	红、黑、黑、红、棕		
2	棕、黑、黑、红、棕		
3	红、黑、黑、棕、棕		
4	紫、绿、黑、黑、棕		
5	蓝、灰、黑、棕、棕		

实验二十四 电流表、电压表的设计及量程扩展

一、背景知识

一只指针式电流表表头（本实验以 MF-47 型指针式万用表表头为例），在不添加其他元件和电路时，能测量的满刻度电流值称为该电流表的基本量程，用 I_g 表示。该表有一定的内阻，用 R_g 表示，这就是一个"基本表"，其等效电路如图 24-1 所示。

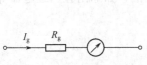

图 24-1　基本表等效电路

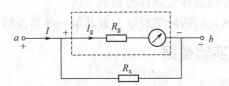

图 24-2　电流表的量程扩展

由于 $U_g = R_g I_g$，而 R_g 不变，因此基本表可用来测量电流，也可用来测量电压。为了便于读数，指针式电流表或电压表的标尺刻度的满度值都取 5 或 10 的整数倍。同样，基本表的 I_g 也常取 1、2 或 5 的整数倍，常用的有 1、2、5、10、20、50、100（μA 或 mA）等。由于加工差异，同一规格的各表，I_g 不可能完全一致。再考试到方便设计，通常 I_g 都略小于满度值。如 MF47 表头 I_g 一般在 45～48μA，而满度值为 50μA。同理，作电压表使用时，$I_g R_g$ 值也稍少于满度值。I_g 或 $I_g R_g$ 与满度值之间的差异可在量程扩展时予以修正。

二、实验原理

设计电流表或电压表时，应根据所需要的测量精度来选择合适的表头。当配套器件相同时，I_g 越小（价格就越贵），所做成的测量仪表的测量精度就越高。基本表所能测量的电流和电压值都很小。要测量较大的电流或电压，就必须扩展基本表的量程。扩展后的量程首先要满足测量需要，其次要易于按原有刻度读得测量值。例如，满度值为 50μA 的表头，就可扩展为 0.5、5 或 50（mA）等的电流量程或 1、25、10、50（V）等的电压量程。电流表的量程扩展见图 24-2，要测量大于 I_g 的电流 I，必须用分流电阻 R_A 与基本表并联。R_A 的值按式（24-1）计算。

$$R_A = \frac{I_g R_g}{I - I_g} \tag{24-1}$$

电压表的量程扩展见图 24-3。要测量大于 $I_g R_g$ 的电压 U，必须串联电阻 R_V 进行分压。R_V 的值按式（24-2）计算。

$$R_V = \frac{U}{I_g} - R_g \tag{24-2}$$

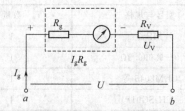

图 24-3　电压表的量程扩展

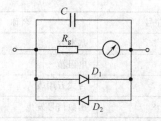

图 24-4　基本表保护

应注意，为了保证量程扩展后仪表的测量精度，对分流或分压电阻的精度和稳定性都有严格的要求。此外，为了保护表头，常在基本表的两端并接电容 C 和二极管 D_1、D_2，如图 24-4。电容 C 既可减缓被测信号对表头的冲击，且在测量交流信号时起滤波作用。D_1、D_2 则可使基本表两端的压降 $\leqslant 0.7V$，避免过压烧坏表头。

基本表还可用来设计制作交流电压表。普通万用表中测量交流电压采取一种最简单的办法，即将被测交流电压经分压后再用二极管整流、电容 C 滤波转变成直流电压来测量。通常用导通压降较小的锗二极管作整流。由于二极管的伏安特性曲线在低压段是非线性的，因此，测量较小的交流电压时误差较大。

严格地说，交流电压或交流电流有正弦波、三角波、方波等不同波形，每种波形还可能有不同的频率。简单线路的交流电压表或电流表只适于测量频率在 400Hz 以下的正弦波。

交流电压表的线路如图 24-5（滤波电容 C 未画出）。由于线路中有半波整流、电容滤波，加之表头偏转线圈的电感、表头内部的磁场等，因此其分压电阻 R_{VC} 的计算较复杂，此处从略。一般 R_{VC} 可通过实验确定，详见实验内容。

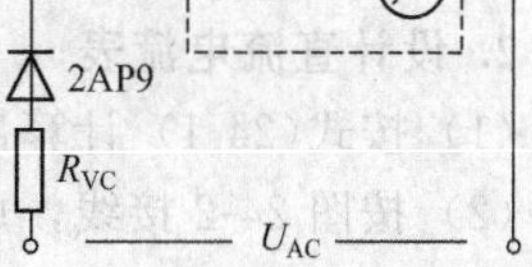

用基本表设计制作交流电流表的最简单方法是 I-U 转换

图 24-5　交流电压表的线路

法，既让被测交流电流流过取样电阻 R，再用交流电压挡来测量 R 两端的电压。此法的缺点是，被测交流电流较小时，需要较大阻值的取样电阻，既影响被测线路，测量误差也较大；而当被测电流较大时，则需要大功率的取样电阻。故一般普及型指针万用表中都不设交流电流挡。

三、实验目的

（1）了解指针式电流表、电压表电路设计的基础知识及设计计算方法。
（2）掌握电流表、电压表量程扩展的方法。

四、实验设备

见表 24-1。

表 24-1　实验设备

序号	名称	型号与规格	数量
1	直流电压表	0～300V	1
2	直流电流表	0～2000mA	1
3	直流稳压电源	0～30V	2
4	直流恒流源	0～500mA	1

续表

序号	名称	型号与规格	数量
5	基本表	MF47	1
6	电阻箱	0~99999.9Ω	1
7	台式万用表	CDM8045 等	1
8	函数信号发生	TH-SG01P	1

五、实验内容

实验前先将 HE-11A 实验箱放平，用小螺丝刀将 MF47 表头细心进行机械调零。

1. 测量 MF47 表头的满量程电流 I_g 和内阻 R_g

(1) 先将屏上恒流源的输出粗调开关拨至 2mA 挡，并使恒流源输出电流为 0，然后按

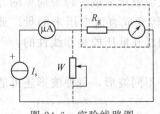

图 24-6 接线。10K 电位器 W 先不接入，μA 表用台式万用表的 200μA 挡。缓慢调节恒流源的输出，直至指针表头指示满度值，则 μA 表的读数即为指针表头的 I_g。

(2) 将 HE-11A 上的 10K 电位器（W）阻值调至最大后接入图 24-5 虚线处。缓慢调小 W 的阻值，直至指针表头指示半满度值。断开 W 连接线，用台式万用表测量 W 的阻值即为指针表的内阻 R_g。

图 24-6 实验线路图

2. 设计直流电流表

(1) 按式(24-1) 计算出 1mA 量程时基本表的分流电阻 R_{A1}。

(2) 按图 24-2 接线，用 R_{A1}（取自 HE-19 电阻箱）代替 R_A。

(3) 令恒流源输出电流 I 为表 24-2 所列值并接入图 24-2 中 a、b 两端，依次读出基本表的相应指示值，记入表 24-2。

(4) 将量程扩展为 10mA，重复（1）~（3）步。

3. 设计直流电压表

(1) 按式(24-2) 计算 10V 量程的电压表的分压电阻 R_{V1}。

(2) 按图 24-3 接线，用 R_{V1}（用 HE-11A 的 200kΩ 加 HE-19 电阻箱）代替 R_V。

(3) 令稳压电源输出电压 U 为表 24-3 所列值并接入图 24-3 中的 a、b 两端，依次读出基本表的相应指示值，记入表 24-3。

(4) 将量程扩展为 50V，重复（1）~（3）步。R_V 用 HE-11A 中的 1MΩ 加 HE-19 的电阻箱。将两个 0~30V 稳压电源串联使用，可输出 0~60V。

4. 设计交流电压表

(1) 取交流电压的重程为 10V，按式(24-2) 计算 R_V。

(2) 按图 24-5 接线，R_{VC} 暂取 $R_V/2$（用 HE-19 电阻箱）。

(3) 从函数信号发生器的功率输出接口输出 10V（用台式万用表测量）的正弦波，接入图 24-5 的中 U_{AC} 两端。

(4) 调节 R_{VC} 阻值，使基本表指示满度值。

(5) 令函数信号发生器的输出电压依次为表 24-4 所列值，依次读出基本表的相应指示值，记入表 24-4 中，并根据两者的偏差再调整 R_{VC} 值，直至在整个量程内测得值的偏差为最小（可能要测调 2~3 次）。

5. 设计交流电流表

（1）在 10V 量程的交流电压表的 U_{AC} 两端并上 100Ω 的取样电阻，即成为量程为 100mA 的交流电流表。由于没有可调的交流电流源，故只能用函数发生器输出电压来测试。

（2）用台式万用表交流 20V 挡测量取样电阻 100Ω 两端的电压，调节函数信号发生器的输出电压，使台式万用表的读数为表 24-5 所列值，依次读出基本表的相应指示值记入表 24-5。

六、实验注意事项

（1）电阻箱的阻值在进位或减位时，一般都应先大后小，如从 9.9kΩ 升到 10kΩ，则应 9.9kΩ-19.9kΩ-10kΩ，从 10kΩ 降至 9.9kΩ，则应 10kΩ-19.9kΩ-9.9kΩ。

（2）直流信号接入基本表时，应注意极性，以免指针反偏而打坏。

七、实验思考题

（1）在设计电压表或电流表时，一般应考虑哪些方面？

（2）要用一只基本表设计有三个电流量程和三个电压量程的电压电流表，用一只多挡位开关来切换测量量程，请画出其电路原理示意图。

八、实验报告

（1）总结电表设计和量程扩展的原理和计算方法。

（2）分析实验数据中误差及其产生的原因。

（3）完成实验思考题（2）。

九、实验数据

见表 24-2～表 24-5。

表 24-2　设计直流电流表实验数据

I	0.2mA	0.4mA	0.6mA	0.8mA	1.0mA
基本表读数					
I	2 mA	4 mA	6 mA	8 mA	10 mA
基本表读数					

表 24-3　设计直流电压表实验数据

U	2V	4V	6V	8V	10V
基本表读数					
U	10V	20V	30V	40V	50V
基本表读数					

表 24-4　设计交流电压表实验数据

U_{AC}	0V	2V	4V	6V	8V	10V	$R_{VC}/Ω$
基本表读数 1							
基本表读数 2							
基本表读数 3							

表 24-5　设计交流电流表实验数据

台式表读数/V	0	2	4	6	8	10
相应电流/mA	0	20	40	60	80	100
基本表读数						

实验二十五 *RC*选频网络特性测试

一、背景知识

控制系统中的信号可以表示为不同频率的正弦信号经过叠加之后而形成的，因此利用系统对正弦输入信号的稳态响应来描述系统特性是一种广泛应用的频域分析方法。下面以简单的 *RC* 电路（图 25-1）为例来说明这种频域分析方法。

设输入电压 $u_i(t)$ 为正弦电压，即 $u_i(t)=U_{im}(t)\sin\omega t$，系统输出电压为 $u_o(t)$ 也是一个正弦信号，其频率与输入信号的频率相同，但是输出信号电压 $u_o(t)$ 的幅值和相角一般都会发生变化，其变化的规律是频率 ω 的函数，

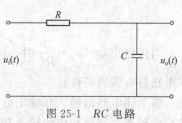

图 25-1 *RC* 电路

因此我们可以这样定义，线性定常系统在正弦输入信号的作用之下，其稳态的输出信号和输入信号的比值相对于频率 ω 的变化关系称为系统的频率特性（Frequency Characteristic）。频率特性包括幅频特性（Amplitude-Frequency Characteristic）和相频特性（Phase-Frequency Characteristic）两个方面。输出正弦信号的振幅与输入正弦信号的振幅的比是频率 ω 的函数，称为幅频特性，它描述了在稳态时，系统对于不同频率的正弦输入信号的幅值增益特性（表现为幅值的放大或衰减）。输出正弦信号相对于输入正弦信号的相移也是频率 ω 的函数，称为相频特性，它描述了在稳态时，系统对于不同频率的正弦输入信号的相移特性（表现为在相位上产生的超前或滞后）。

这种应用频率特性来研究线性系统的方法称为频域分析方法，它具有以下特点。

① 控制系统及其元部件的频率特性可以运用分析法或实验的方法来获得，并可以用 Nyquist 图或 Bode 图等曲线图来表示，因此对于控制系统的分析和控制器的设计可以采用图解法来完成，简便而且直观，而且易于进行参数调整。

② 频率特性的物理意义明确。对于一阶系统和二阶系统，频域性能指标和时域性能指标有着确定的对应关系，对于高阶系统而言，也可以建立近似的对应关系。

③ 利用频率特性来对控制系统进行设计可以同时兼顾动态响应和噪声抑制两方面的性能要求。

④ 频域分析方法不仅适用于线性定常系统，还可以推广应用于某些非线性控制系统中去。

二、实验原理

1. 文氏桥电路

文氏桥电路是一个 *RC* 的串、并联电路，如图 25-2 所示。该电路结构简单，被广泛地

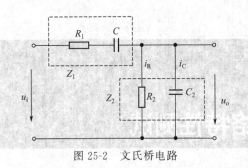

图 25-2　文氏桥电路

用于低频振荡电路中作为选频环节，可以获得很高纯度的正弦波电压。

用信号发生器的正弦输出信号作为图 25-2 的激励信号 u_i，并保持 U_i 值不变的情况下，改变输入信号的频率 f，用交流毫伏表或示波器测出输出端相应于各个频率点下的输出电压 U_o 值，将这些数据画在以频率 f 为横轴，U_o 为纵轴的坐标纸上，用一条光滑的曲线连接这些点，该曲线就是上述电路的幅频特性曲线，如图 25-3 所示。

文氏桥电路的一个特点是其输出电压幅度不仅会随输入信号的频率而变，而且还会出现一个与输入电压同相位的最大值，如图 25-3 所示。

由电路分析得知，该网络的传递函数为

$$\beta = \frac{1}{3 + j(\omega RC - 1/\omega RC)} \tag{25-1}$$

当角频率 $\omega = \omega_o = \dfrac{1}{RC}$ 时，$|\beta| = \dfrac{U_o}{U_i} = \dfrac{1}{3}$，此时 U_o 与 U_i 同相。由图 25-3 可见 RC 串并联电路具有带通特性。

将上述电路的输入和输出分别接到双踪示波器的 Y_A 和 Y_B 两个输入端，改变输入正弦信号的频率，观测相应的输入和输出波形间的时延 τ 及信号的周期 T，则两波形间的相位差为 $\varphi = \dfrac{\tau}{T} \times 360° = \varphi_o - \varphi_i$（输出相位与输入相位之差）。

将各个不同频率下的相位差 φ 画在以 f 为横轴、φ 为纵轴的坐标纸上，用光滑的曲线将这些点连接起来，即是被测电路的相频特性曲线，如图 25-4 所示。

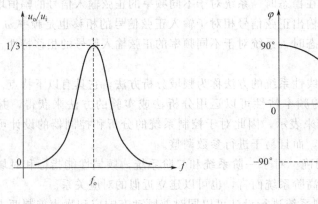

图 25-3　带通特性

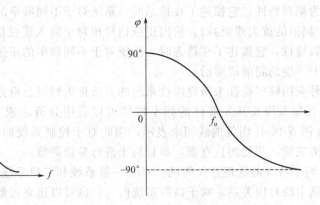

图 25-4　相频特性

由电路分析理论得知，当 $\omega = \omega_o = \dfrac{1}{RC}$，即 $f = f_o = \dfrac{1}{2\pi RC}$ 时，$\varphi = 0$，即 U_o 与 U_i 同相位。

2. RC 双 T 电路

RC 双 T 电路如图 25-5 所示。

由电路分析可知，双 T 网络零输出的条件为

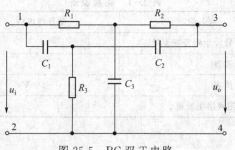

图 25-5　RC 双 T 电路

$$\frac{1}{R_1}+\frac{1}{R_2}=\frac{1}{R_3},\ C_1+C_2=C_3 \tag{25-2}$$

若选 $R_1=R_2=R$，$C_1=C_2=C$，则

$$R_3=\frac{R}{2},\ C_3=2C$$

该双 T 电路的频率特性为（令 $\omega_o=\dfrac{1}{RC}$）

$$F(\omega)=\frac{\dfrac{1}{2}\left(R+\dfrac{1}{j\omega C}\right)}{\dfrac{2R(1+j\omega RC)}{1-\omega^2 R^2 C^2}+\dfrac{1}{2}\left(R+\dfrac{1}{j\omega C}\right)}=\frac{1-\left(\dfrac{\omega}{\omega_o}\right)^2}{1-\left(\dfrac{\omega}{\omega_o}\right)^2+j4\dfrac{\omega}{\omega_o}} \tag{25-3}$$

当 $\omega=\omega_o=\dfrac{1}{RC}$ 时，输出幅值等于 0，相频特性呈现 $\pm90°$ 的突跳。

参照文氏桥电路的做法，也可画出双 T 电路的幅频和相频特性曲线，分别如图 25-6 和图 25-7 所示。

由图可见，双 T 电路具有带阻特性。

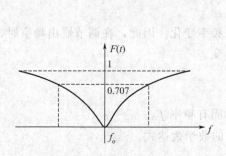

图 25-6　幅频特性曲线

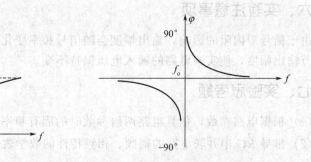

图 25-7　相频特性曲线

三、实验目的

(1) 熟悉文氏桥电路的结构及其应用。

(2) 学会用交流毫伏表和示波器测定以上电路的幅频特性和相频特性。

四、实验设备

见表 25-1。

表 25-1　实验设备

序号	名称	型号与规格	数量
1	低频信号发生器及频率计		1
2	双踪示波器		1
3	交流毫伏表	$0\sim600\mathrm{V}$	1
4	RC 选频网络实验板		1

五、实验内容

1. 测量 RC 串、并联电路的幅频特性

（1）利用 HE-15 挂箱上 "RC 串、并联选频网络" 线路，组成图 25-2 线路。取 $R=1\mathrm{k}\Omega$，$C=0.1\mu\mathrm{F}$。

（2）调节信号源输出电压为 3V 的正弦信号，接入图 25-2 的输入端。

（3）改变信号源的频率 f（由频率计读得），并保持 $U_i=3\mathrm{V}$ 不变，测量输出电压 U_o（可先测量 $\beta=1/3$ 时的频率 f_o，然后再在 f_o 左右设置其他频率点测量），实验数据记入表 25-2。

（4）取 $R=200\Omega$，$C=2.2\mu\mathrm{F}$，重复上述测量，实验数据记入表 25-2。

2. 测量 RC 串、并联电路的相频特性

将图 25-2 的输入 U_i 和输出 U_o 分别接至双踪示波器的 Y_A 和 Y_B 两个输入端，改变输入正弦信号的频率，观测不同频率点时，相应的输入与输出波形间的时延 τ 及信号的周期 T。两波形间的相位差为 $\varphi=\varphi_o-\varphi_i=\dfrac{\tau}{T}\times360°$。实验数据记入表 25-3。

3. 测量 RC 双 T 电路的幅频特性（参照实验内容 1）

4. 测量 RC 双 T 电路的相频特性（参照实验内容 2）

六、实验注意事项

由于信号源内阻的影响，输出幅度会随信号频率变化。因此，在调节输出频率时，应同时调节输出幅度，使实验电路的输入电压保持不变。

七、实验思考题

（1）根据电路参数，估算电路两组参数时的固有频率 f_o。

（2）推导 RC 串并联电路的幅频、相频特性的数学表达式。

八、实验报告

（1）根据实验数据，绘制幅频特性和相频特性曲线。找出最大值，并与理论计算值比较。

（2）讨论实验结果。

（3）心得体会及其他。

九、实验数据

见表 25-2、表 25-3。

表 25-2　实验数据（一）

$R=1\text{K}$, $C=0.1\mu\text{F}$	f/Hz	
	U_o/V	
$R=200\Omega$, $C=2.2\mu\text{F}$	f/Hz	
	U_o/V	

表 25-3　实验数据（二）

$R=1\text{k}\Omega$, $C=0.1\mu\text{F}$	F/Hz	
	T/ms	
	τ/ms	
	φ	
$R=200\Omega$, $C=2.2\mu\text{F}$	F/Hz	
	T/ms	
	τ/ms	
	φ	

实验二十六　二阶动态电路响应测试

一、背景知识

当电路中含有两个独立的动态元件时，就构成了二阶动态电路。描述二阶线性动态电路的方程是二阶线性常微分方程，对二阶电路的时域分析就是基于二阶微分方程的。在二阶电路中，由于存在两个独立的储能元件，所以换路后的过渡过程就会在两个储能元件之间、储能元件与电路之间进行能量交换，交换过程中的能量都被电阻元件消耗，储能元件本身不消耗能量。理想情况下的无损耗电路会形成等幅振荡，电容和电感之间不断进行能量交换，这时电路就出现了谐振。二阶电路的零输入响应和零状态响应主要是由特征根（即电路的固有频率）决定的，调节 R，L，C 参数就可改变特征根的值，从而使电路产生不同性质的响应，包括过阻尼和临界阻尼时的非振荡响应、欠阻尼时的衰减振荡响应、无阻尼时的等幅振荡响应等。

二、实验原理

一个二阶电路在方波正、负阶跃信号的激励下，可获得零状态与零输入响应，其响应的变化轨迹决定于电路的固有频率。当调节电路的元件参数值，使电路的固有频率分别为负实数、共轭复数及虚数时，可获得单调地衰减、衰减振荡和等幅振荡的响应。在实验中可获得过阻尼、欠阻尼和临界阻尼这三种响应图形。

简单而典型的二阶电路是一个 RLC 串联电路和 GCL 并联电路，这两者之间存在着对偶关系。本实验仅对 GCL 并联电路进行研究。

三、实验目的

(1) 学习用实验的方法来研究二阶动态电路的响应，了解电路元件参数对响应的影响。

(2) 观察、分析二阶电路响应的三种状态轨迹及其特点，以加深对二阶电路响应的认识与理解。

四、实验设备

见表 26-1。

表 26-1　实验设备

序号	名称	型号与规格	数量
1	脉冲信号发生器	SFG-1003	1

续表

序号	名称	型号与规格	数量
2	双踪示波器	YB4328	1
3	动态实验电路板		1

五、实验内容

二阶动态电路响应状态轨迹的测试步骤如下。

（1）利用动态电路板中的元件与开关的配合作用，组成如图 26-1 所示的 GCL 并联电路。

（2）令 $R_1 = 10\text{k}\Omega$，$L = 4.7\text{mH}$，$C = 1000\text{pF}$，R_2
为 10kΩ 可调电阻。令脉冲信号发生器的输出为 $U_m = 1.5\text{V}$、$f = 1\text{kHz}$ 的方波脉冲，通过同轴电缆接至图中的激励端，同时用同轴电缆将激励端和响应输出接至双踪示波器的 Y_A 和 Y_B 两个输入口。

（3）调节可变电阻器 R_2 之值，观察二阶电路的零

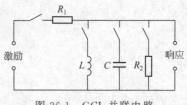

图 26-1　GCL 并联电路

输入响应和零状态响应由过阻尼过渡到临界阻尼，最后过渡到欠阻尼的变化过渡过程，分别定性地描绘、记录响应的典型变化波形。

（4）调节 R_2 使示波器荧光屏上呈现稳定的欠阻尼响应波形，定量测定此时电路的衰减常数 α 和振荡频率 ω_d，数据记入表 26-2。

（5）改变一组电路参数，如增减 L 或 C 之值，重复实验内容（2）和（3）的测量，并做记录。随后仔细观察，改变电路参数时 ω_d 与 α 的变化趋势，数据记于表 26-2。

六、实验注意事项

（1）调节 R_2 时，要细心、缓慢，临界阻尼要找准。

（2）观察双踪时，显示要稳定，如不同步，则可采用外同步法触发（看示波器说明）。

七、实验思考题

（1）根据二阶电路实验电路元件的参数，计算出处于临界阻尼状态的 R_2 之值。

（2）在示波器荧光屏上，如何测得二阶电路零输入响应欠阻尼状态的衰减常数 α 和振荡频率 ω_d？

八、实验报告

（1）根据观测结果，在方格纸上描绘二阶电路过阻尼、临界阻尼和欠尼的响应波形。

（2）测算欠阻尼振荡状态时的 α 与 ω_d。

（3）归纳、总结电路元件参数的改变对响应变化趋势的影响。

（4）心得体会及其他。

九、实验数据

见表 26-2。

表 26-2　实验数据

电路参数 实验次数	元件参数				测量值	
	R_1	R_2	L	C	α	ω_d
1	10kΩ	调至 欠阻 尼态	4.7mH	1000PF		
2	10kΩ		4.7mH	0.01μF		
3	30kΩ		4.7mH	0.01μF		
4	10kΩ		10mH	0.01μF		

实验二十七　R、L、C元件阻抗特性的测定

一、背景知识

在具有电阻、电感和电容的电路里，对交流电所起的阻碍作用叫作阻抗。阻抗常用 Z 表示，是一个复数，实部称为电阻，虚部称为电抗，其中电容在电路中对交流电所起的阻碍作用称为容抗，电感在电路中对交流电所起的阻碍作用称为感抗，电容和电感在电路中对交流电引起的阻碍作用总称为电抗。阻抗的单位是欧姆（Ω）。

对电子设备互连来说，如信号源连放大器，前级连后级，只要后一级的输入阻抗大于前一级的输出阻抗 5～10 倍以上，就可认为阻抗匹配良好；对于放大器连接音箱来说，电子管机应选用与其输出端标称阻抗相等或接近的音箱，而晶体管放大器则无此限制，可以接任何阻抗的音箱。

在音响器材中，扩音机与喇叭的阻抗多设计为 8Ω，因为在这个阻抗值下，机器有最佳的工作状态。其实喇叭的阻抗是随着频率高低的不同而变动的，喇叭规格中所标示的通常是一个大略的平均值，市面上的产品大都是 4Ω、6Ω 或 8Ω。

耳机的阻抗是其交流阻抗的简称，单位为欧姆（Ω），不同阻抗的耳机主要用于不同的场合，在台式机或功放、VCD、DVD、电视、电脑等设备上，常用到的是高阻抗耳机。一般来说，阻抗越小，耳机就越容易出声、越容易驱动。耳机的阻抗是随其所重放的音频信号的频率而改变的，一般耳机阻抗在低频最大，因此对低频的衰减要大于高频的；对大多数耳机而言，增大输出阻抗会使声音更暗更混（此时功放对耳机驱动单元的控制也会变弱），但某些耳机却需要在高阻抗下才更好听。如果耳机声音尖锐刺耳，可以考虑增大耳机插孔的有效输出阻抗；如果耳机声音暗淡浑浊，并且是通过功率放大器驱动的，则可以考虑减小有效输出电阻。

不同阻抗的耳机主要用于不同的场合，在台式机或功放、VCD、DVD、电视、电脑等设备上，常用到的是高阻抗耳机，有些专业耳机阻抗甚至会在 200Ω 以上，这是为了与专业机上的耳机插口匹配，此时如果使用低阻抗耳机，一定先要把音量调低再插上耳机，再一点点把音量调上去，防止耳机过载将耳机烧坏或是音圈变形错位造成破音。而对于各种便携式随身听，如 CD、MD 或 MP3，一般会使用低阻抗耳机（通常都在 50Ω 以下），这是因为这些低阻抗耳机比较容易驱动，同时还要注意灵敏度要高，对随身听、MP3 来说灵敏度指标更加重要。当然，阻抗越高的耳机搭配输出功率大的音源时声音效果更好。

二、实验原理

1. 电阻元件的阻抗特性

在一个线性电阻元件的交流电路中，如图 27-1 所示，在电压和电流的参考方向关联时，

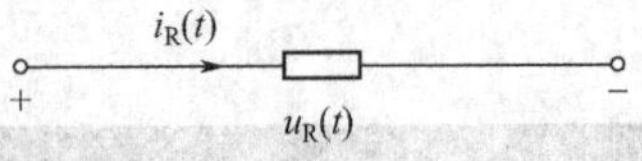

图 27-1 电阻元件电路

电阻 R 的伏安关系的时域形式可表示为 $u_R(t) = Ri_R(t)$。在电阻元件的交流电路中，电流和电压是同相的，当通过电阻 R 的正弦电流为 $i_R = \sqrt{2} I_R \sin(\omega t + \varphi_i)$，则通过电阻 R 时的电压为 $u_R(t) = RI_{Rm}\sin(\omega t + \varphi_i) = U_{Rm}\sin(\omega t + \varphi_u)$，$U_{Rm} = RI_{Rm}$，$U_R = RI_R$，即电压、电流的最大值（有效值）之间符合欧姆定律，而 $\varphi_u = \varphi_i$，$\varphi = \varphi_u - \varphi_i = 0$，即 u_R 与 i_R 同相。

令 $\dot{I}_R = I_R \angle \varphi_i$，$\dot{U}_R = U_R \angle \varphi_u = RI_R \angle \varphi_i$，则在电压和电流关联参考方向下电阻的伏安关系的相量形式为 $\dot{U}_R = R\dot{I}_R$，$\dot{U}_{Rm} = R\dot{I}_{Rm}$。可见，对于电阻元件其电阻大小不随频率变化而变化。

2. 电感元件的感抗特性（图 27-2）

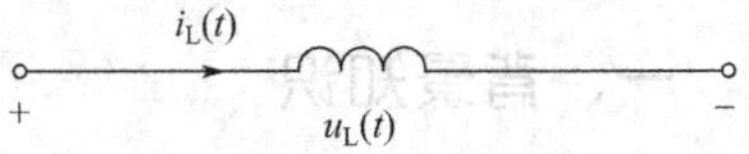

当电压和电流参考方向关联时，电感 L 伏安关系的

图 27-2 电感元件电路

时域形式为 $u_L = L\dfrac{\mathrm{d}i_L}{\mathrm{d}t}$。

当正弦电流 $i_L = I_{Lm}\sin(\omega t + \varphi_i)$ 通过电感 L 时，有

$$u_L = L\frac{\mathrm{d}i_L}{\mathrm{d}t} = L\frac{\mathrm{d}}{\mathrm{d}t}[I_{Lm}\sin(\omega t + \varphi_i)] = LI_{Lm} \times \omega[\cos(\omega t + \varphi_i)]$$

$$= \omega LI_{Lm}\sin\left(\omega t + \varphi_i + \frac{\pi}{2}\right) = U_{Lm}\sin(\omega t + \varphi_u) \tag{27-1}$$

可见 $U_{Lm} = \omega LI_{Lm}$，$U_L = \omega LI_L$，电压、电流的最大（有效）值之间符合欧姆定律。而 $\varphi_u = \varphi_i + \dfrac{\pi}{2}$，$\varphi = \varphi_u - \varphi_i = \dfrac{\pi}{2}$，可以看出，电路在电压和电流关联参考方向下，电感元件的伏安关系的相量形式为电感两端的电压超前于电感中的电流角度为 $90°$，即 $\dot{I}_{Lm} = I_{Lm}\angle\varphi_i$，$\dot{U}_{Lm} = U_{Lm}\angle\varphi_u = \omega LI_{Lm}\angle\varphi_i + \dfrac{\pi}{2} = j\omega LI_{Lm}\angle\varphi_i$，则伏安关系的相量形式为 $\dot{U}_{Lm} = j\omega L\dot{I}_{Lm}$，$\dot{U}_L = j\omega L\dot{I}_L$。

又 $\dfrac{U_{Lm}}{I_{Lm}} = \dfrac{U_L}{I_L} = \omega L$，由此可知，在电感元件电路中，电压的幅值（或有效值）与电流的幅值（或有效值）之比值为 ωL。显然，它的单位为欧姆。当电压 U 一定时，ωL 越大，则电流 I 越小。可见，它具有对交流电流起阻碍作用的物理性质，所以称为感抗，用 X_L 代表，即 $X_L = \omega L = 2\pi f L$。可得，感抗 X_L 与电感 L、频率 f 成正比。因此，电感元件对高频电流起阻碍作用很大，而对直流则可视为短路，即对直流讲，$X_L = 0$（注意，不是 $L = 0$，而是 $f = 0$）。应该注意，感抗只是电压与电流的幅值或有效值之比，而不是它们的瞬时值之比，即 $\dfrac{u}{i} \neq X_L$。因为这与上述电阻电路不一样。在这里电压与电流成导数关系，而不是成正比关系。

上述式表明，在正弦电流电路中，线性电感的电压和电流在瞬时值之间不成正比，而在有效值之间、相量之间成正比。此时电压与电流有效值之间的关系不仅与 L 有关，还与角频率 ω 有关。当 L 值不变，流过的电流值 I_L 一定时，ω 越高则 U_L 越大；ω 越低则 U_L 越小。当 $\omega = 0$（相当于直流激励）时，$U_L = 0$，电感相当于短路。在相位上电感电压超前电流 $90°$。

3. 电容元件容抗特性

当电压和电流参考方向关联时，电容 C 的伏安关系

的时域形式为 $i_c = C\dfrac{\mathrm{d}u_c}{\mathrm{d}t}$（图 27-3）。

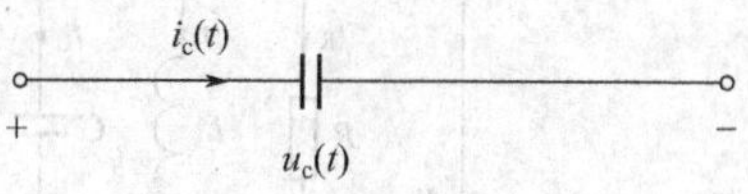

当正弦电压 $u_c(t) = U_{Cm}\cos(\omega t + \varphi_u)$ 加于电容 C

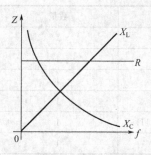

图 27-3　电容元件电路

上时，有

$$i_c = C\frac{\mathrm{d}}{\mathrm{d}t}u_c(t) = C\frac{\mathrm{d}}{\mathrm{d}t}U_{Cm}\sin(\omega t + \varphi_u) = \omega C U_{Cm}\sin\left(\omega t + \varphi_u + \frac{\pi}{2}\right)$$
$$= I_{Cm}\sin(\omega t + \varphi_i) \tag{27-2}$$

可见 $I_{Cm} = \omega C U_{Cm}$，$U_{Cm} = \dfrac{1}{\omega C}I_{Cm}$，$U_C = \dfrac{1}{\omega C}I_C$，电流最大（有效值）之间也符合欧姆定律。由此可知，在电容元件电路中，电压的幅值（或有效值）与电流的幅值（或有效值）之比值为 $\dfrac{1}{\omega C}$。显然，它的单位为欧姆。当电压 U 一定时，$\dfrac{1}{\omega C}$ 越大，则电流 I 越小。可见它具有对交流电流起阻碍作用的物理性质，所以称为容抗，用 X_C 代表，即

$$X_L = \frac{1}{\omega C} = \frac{1}{2\pi f C} \tag{27-3}$$

可见，容抗与 X_C 电感 L、频率 f 成反比。

容抗值为 $\dfrac{U_{Cm}}{I_{Cm}} = \dfrac{U_C}{I_C} = \dfrac{1}{\omega C} = |X_C|$，而 $\varphi_i = \varphi_u + \dfrac{\pi}{2}$，$\varphi = \varphi_u - \varphi_i = -\dfrac{\pi}{2}$，也可以说，电容元件两端的电压 u_c 滞后电容元件中的电流 i_c 为 90°角，即 $\dot{U}_{Lm} = U_{Cm}\angle\varphi_u$，$\dot{I}_{Cm} = I_{Cm}\angle\varphi_i = \omega C U_{Cm}\angle\varphi_u + \dfrac{\pi}{2} = \mathrm{j}\omega C\,U_{Cm} < \varphi_u$，则电容元件的伏安关系的相量形式为

$$\dot{I}_{Cm} = \mathrm{j}\omega C\dot{U}_{Cm}, \quad \dot{U}_{Cm} = \frac{1}{\mathrm{j}\omega C}\dot{I}_{Cm} = -\mathrm{j}\frac{1}{\omega C}\dot{I}_{Cm} \tag{27-4}$$

上述式表明，在正弦电流电路中，线性电容的电压和电流有效值之间的关系不仅与 C 有关，还与角频率 ω 有关。当 C 值不变，流过的电流值 I_{Cm} 一定时，ω 越高则 U_{Cm} 越小；ω 越低则 U_{Cm} 越大。在相位上电容元件两端的电压滞后电容元件中的电流 90°角。

综上所述，在正弦交变信号作用下，R、L、C 电路元件在电路中的抗流作用与信号的频率有关，它们的阻抗频率特性 R-f、X_L-f、X_C-f 曲线如图 27-4 所示。

图 27-4　R、L、C 电路元件阻抗频率特性曲线

4. 元件阻抗频率特性

元件阻抗频率特性的测量电路如图 27-5 所示。图中的 r 是提供测量回路电流用的标准小电阻，由于 r 的阻值远小于被测元件的阻抗值，因此可以认为 AB 之间的电压就是被测元件 R、L 或 C 两端的电压，流过被测元件的电流则可由 r 两端的电压除以 r 所得。

若用双踪示波器同时观察 r 与被测元件两端的电压，亦就展现出被测元件两端的电压和流过该元件电流的波形，从而可在荧光屏上测出电压与电流的幅值及它们之间的相位差。

将元件 R、L、C 串联或并联相接，亦可用同样的方法测得 $Z_{串}$ 与 $Z_{并}$ 的阻抗频率特性 Z-f，根据电压、电流的相位差可判断 $Z_{串}$ 或 $Z_{并}$ 是感性还是容性负载。

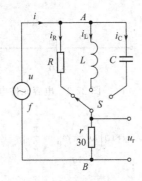

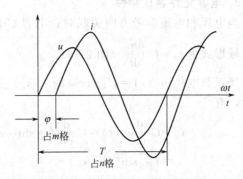

图 27-5　元件阻抗频率特性的测量电路　　　　图 27-6　双踪示波器测量阻抗角

元件的阻抗角（即相位差 φ）随输入信号的频率变化而改变，将各个不同频率下的相位差画在以频率 f 为横坐标、阻抗角 φ 为纵坐标的坐标纸上，并用光滑的曲线连接这些点，即得到阻抗角的频率特性曲线。

用双踪示波器测量阻抗角如图 27-6 所示。从荧光屏上数得一个周期占 n 格，相位差占 m 格，则实际的相位差 φ（阻抗角）为 $\varphi = m \times \dfrac{360°}{n}$（度）。

三、实验目的

（1）验证电阻、感抗、容抗与频率的关系，测定 $R\text{-}f$、$X_L\text{-}f$ 及 $X_C\text{-}f$ 特性曲线。

（2）加深理解 R、L、C 元件端电压与电流间的相位关系。

四、实验设备

见表 27-1。

表 27-1　实验设备

序号	名称	型号与规格	数量
1	低频信号发生器		1
2	交流毫伏表	$0 \sim 600\,\mathrm{V}$	1
3	双踪示波器		1
4	频率计		1
5	实验线路元件	$R = 1\mathrm{k}\Omega, C = 1\mu\mathrm{F}, L$ 约 $1\mathrm{H}$	1
6	电阻	30Ω	1

五、实验内容

测量 R、L、C 元件的阻抗频率特性步骤如下。

（1）通过电缆线将低频信号发生器输出的正弦信号接至如图 27-5 的电路，作为激励源 u，并用交流毫伏表测量，使激励电压的有效值为 $U = 3\mathrm{V}$，并保持不变。

（2）使信号源的输出频率从 200Hz 逐渐增至 5kHz（用频率计测量），并使开关 S 分别接通 R、L、C 三个元件，用交流毫伏表测量 U_r，并计算各频率点时的 I_R、I_L 和 I_C（即 U_r/r）以及 $R = U/I_R$、$X_L = U/I_L$ 及 $X_C = U/I_C$ 之值。

注意，在接通 C 测试时，信号源的频率应控制在 200～2700Hz 之间。

（3）用双踪示波器观察在不同频率下各元件阻抗角的变化情况，按图 27-6 记录 n 和 m，算出 φ。

（4）测量 R、L、C 元件串联的阻抗角频率特性。

以上实验数据均记入表 27-2。

六、实验注意事项

（1）交流毫伏表属于高阻抗电表，测量前必须先调零。

（2）测 φ 时，示波器的"V/div"和"t/div"的微调旋钮应旋置"校准位置"。

七、实验思考题

测量 R、L、C 各个元件的阻抗角时，为什么要与它们串联一个小电阻？可否用一个小电感或大电容代替？为什么？

八、实验报告

（1）根据实验数据，在方格纸上绘制 R、L、C 三个元件的阻抗频率特性曲线，并总结、归纳出结论？

（2）根据实验数据，在方格纸上绘制 R、L、C 三个元件串联的阻抗角频率特性曲线，并总结、归纳出结论。

九、实验数据

见表 27-2。

表 27-2　测量 R、L、C 元件的阻抗频率特性实验数据

频率/Hz	S 接通 R						S 接通 L						S 接通 C					
	U_r	I_R	$R=U/I_R$	n	m	φ	U_r	I_L	$X_L=U/I_L$	n	m	φ	U_r	I_C	$X_C=U/I_C$	n	m	φ
200																		
700																		
1000																		
1500																		
2700																		
3000																		
3500																		
4500																		
5000																		

实验二十八　指针式欧姆表的设计与测试

一、背景知识

指针式欧姆表的设计原理是基于欧姆定理。欧姆定律是由德国物理学家乔治·西蒙·欧姆 1826 年 4 月发表的《金属导电定律的测定》论文提出的。随研究电路工作的进展，人们逐渐认识到欧姆定律的重要性，欧姆本人的声誉也大大提高。为了纪念欧姆对电磁学的贡献，物理学界将电阻的单位命名为欧姆，以符号 Ω 表示。欧姆定律适用于纯电阻电路，金属导电和电解液导电，在气体导电和半导体元件等中欧姆定律将不适用。

二、实验原理

在被测电阻 R_X 上直接或间接施加某一电压，再用微安表（或毫安表，以下称基本表）直接或间接地测出流过 R_X 的电流，并将电流的指示值对应地标成 R_X 值，则该表就成为欧姆表了。按照基本表与被测电阻 R_X 的连接方式，欧姆表有并接式和串接式两种，分别如图 28-1 所示。图中点线框内为基本表。其量程（即满度值）为 I_g，内阻为 R_g。R_o 为线路的限流电阻。

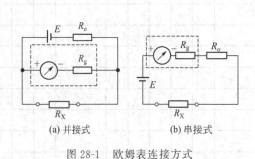

图 28-1　欧姆表连接方式　　　　　　　　图 28-2　欧姆表串联接法

1. 并接式欧姆表

在图 28-1(a) 中，基本表的指示值 I_X 为

$$I_X = \frac{E}{\left(\dfrac{R_g}{R_X}+1\right)R_o+R_g} \tag{28-1}$$

当 $R_X=0$ 时，$I_X=0$，表针处于零位；而当 $R_X=\infty$ 时，I_X 的指示应为基本表的满度值 I_g，故表针满偏。

138

2. 串接式欧姆表

在图 28-1(b) 中，基本表的指示值 I_X 为

$$I_X = \frac{E}{R_g + R_o + R_X} \qquad (28-2)$$

当 $R_X = 0$ 时，I_X 最大，为微安表的满度值 I_g，表针应满偏；而当 $R_X = \infty$ 时，$I_X = 0$，表针处于零位。

由此可见，这两种接法的欧姆表，其指针偏转的规律正好相反。普通指针万用表欧姆挡大都采用串联接法。本实验也采用串联接法，线路如图 28-2 所示。R_o 为限流电阻，以保证当 $R_X = 0$ 时，流过基本表的电流 $\leqslant I_g$。K_a、K_b、R、R' 为换挡开关和分挡电阻。E、E' 为电压源，通常采用干电池。新电池输出电压较高，随着使用时间的加长，其输出电压会逐渐降低。这两种情况都会导致 $R_X = 0$ 时，$I_X \neq I_g$。通常要求在 $(0.85 \sim 1.10) E$（或 E'）的电压范围内，可通过调节 W，使得 $R_X = 0$ 时，$I_X = I_g$，使表针满偏。故 W 称为调零电位器。当 E 降至最低允许值时，可将 W 调至零位，故 R_o 的取值应满足

$$\frac{0.85 E}{R_g + R_o} \geqslant I_g \qquad (28-3)$$

当为最高允许值时，可将 W 调至最大值，故 W 的取值应满足

$$\frac{1.1 E}{R_g + R_o + W} \geqslant I_g \qquad (28-4)$$

本实验的 E 和 E' 均采用直流稳压电源，电压值不会变动，故实验中不必调零。W 只用作 R_o 的补足。在图 28-2 中，令 $R_g + W + R_o = R_内$，则基本表的指示值为

$$I_X = \frac{E}{R_内 + R_X} \qquad (28-5)$$

由此式可以看出以下几点。

(1) 当 E 值一定时，I_X 与 R_X 的关系为非线性关系。因此，欧姆值（即 I_X）的指示刻度是不均匀的。

(2) 当 $R_X = 0$ 时，$I_X = E/R = I_g$。如果 $R_X = R_内$，则 $I_X = E/(2R) = I_g/2$。这时，欧姆表的指针位于标尺的中心阻值处。该阻值称为欧姆表的中心阻值，记为 $R_中$，它等于欧姆表的总内阻。因而式(28-5) 可改写为 $I_X = \dfrac{E}{R_中 + R_X}$。常用的指针式万用表中，欧姆×1 挡的中值电阻一般为 $10 \sim 30\Omega$。

(3) 当 $R_X \ll R_中$ 时，指针接近满偏，读数需估测，则于 R_X 本身值很小，相对而言误差较大。当 $R_X \gg R_中$ 时，即使 R_X 有较大变化，I_X 的变化却很小，因而测量误差也很大。为使 R_X 的测量较准确，应使 $R_中$ 与 R_X 处于同一数量级。当 R_X 不太大时，如图 28-2 虚线所示，用并联 R 来降低 $R_中$。并联 R 后，新的中心阻值为

$$R_{中1} = \frac{R R_内}{R + R_内} \qquad (28-6)$$

$R_{中1}$ 确定后，即可按此式求得 R 值。

为了能准确测量不同数量级的 R_X，欧姆表通常设有多个挡位，如×1、×10、×100、×1K、×10K 等挡位，各挡的中心阻值即为 $R_中$×倍率。但是，当 R_X 很大时，如果所需的 $R_中 > R_内$，就不能再用并联电阻的方法了。这时，应断开 R，如图 28-2 所示，将 K 拨向另一侧，串联接入 R'。串入 R' 后，如果仍采用 E，则当 $R_X = 0$ 时，有

$$I_X = \frac{E}{R' + R_内} < I_g \tag{28-7}$$

而按测量要求，此时 I_X 必须等于 I_g。因此不能再用 E，须改用 E'，则

$$I_X = \frac{E'}{R' + R_内} = I_g \tag{28-8}$$

R' 与 E' 应满足 $R' + R_内 = R_中$（高阻挡的中心阻值），$E' = I_g R_中$。一般指针式万用表欧姆挡中，串 R' 的高阻挡只设一挡。很明显，I_g 越小（亦即基本表的灵敏度越高），在同一 E 值下，$R_内$ 越大，这样不但使并接的 R 可达较大的值，使可分挡位数相应增多，而且在串入 R' 后，所需 E' 电压也可相应降低。

三、实验目的

（1）学会指针欧姆表的设计、计算方法。
（2）加强对欧姆定律的理解及实际应用能力。

四、实验设备

见表 28-1。

表 28-1　实验设备

序号	名称	型号与规格	数量
1	基本表	MF47 万用表表头	1
2	元件箱		1
3	数字万用表	四位半	1

五、实验内容

设计指针式欧姆表的步骤如下。

（1）选取 HE-11A 实验箱，MF47 型万用表表头为基本表，此表带有欧姆刻度，中心值为 16.5。E 取 1.5V。欧姆表的分挡及各挡的 $R_中$ 见表 28-2。实验前先将表头机械调零。

（2）将实验测得的 I_g 和 R_g 记入表 28-2，再根据测得和已知的数据，计算 $R_o + W = (E/I_g) - R_g$，$R_1 \sim R_4 = R_中 R_内 / (R_内 - R_中)$，$R' = R_中' - R_内$，记入表 28-2。

（3）按图 28-2（K 拨向右侧）接线，R_o 用 HE-19 中的 $20k\Omega + 8.2k\Omega$，W 用 HE-11A 上的 RP_2（$10k\Omega$ 调至最大），R 取 R_1 值（HE-19 电阻箱）即 $\times 10$ 挡，E 取直流稳压电源输出的 1.5V。

（4）从 HE-11A 或 HE-19 实验箱中选取表 28-3 所列电阻作为 R_X，并用台式万用表测量阻值，记入表 28-3。

（5）接入 1.5V 电压后，令 $R_X = 0$，调节 W（即调准 $R_o + W$ 值），使表头满编，以后换挡，不必再调节 W。

（6）用本表测量表 28-3 所选 R_X，记入表 28-3 相应栏中。

（7）R 取 R_3 值，即 $\times 100$ 挡，重复上述实验。

（8）按图 28-2（K 拨向左侧）接线，令直流稳压电源输出 $E' = I_g R_中'$，R' 取自 HE-19 中的 $100k\Omega$ 加电阻箱，重复上述实验。

六、实验注意事项

（1）不得将任何有源或带电元件接入 MF47 表头两端，否则会损坏表头。

（2）接线或测量时，应先连接好各元件，最后加电源。

七、实验思考题

（1）简述指针式欧姆表设计的基本原理及计算方法。

（2）本实验中，欧姆表可否再增加×0.1、×0.01、×100K、×1M 挡？为什么？

八、实验报告

（1）根据实验数据，分析、计算欧姆表各挡的测量误差。

（2）请用一只量程 $I_g = 10\mu A$、内阻 $R_g = 2k\Omega$ 的微安表设计出一只四挡位（×1、×10、×100、×1K）欧姆表。画出其原理示意图，标出各元件参数。其中 E 取 1.5V，应保证 E 降至 1.3V 时欧姆表仍可正常使用。

九、实验数据

见表 28-2、表 28-3。

表 28-2　实验数据（一）

$R_g =$ 　Ω	$I_g =$ 　μA	$R_O + W =$ 　Ω
挡位	$R_{中}/\Omega$	$R(R')/\Omega$
×1	16.5	$R_1 =$
×10	165	$R_2 =$
×100	1.65K	$R_3 =$
×1K	16.5K	$R_4 =$
×10K	$R'_{中} =$	$R' =$

表 28-3　实验数据（二）

被验电阻	标称值/Ω	30	100	300	1K	3K	10K	10K+20K	100K	100K+200K
	万用表测量值									
本表测量值	×10 挡									
	×100 挡									
	×10K 挡									

实验二十九　射极跟随器参数的测定

一、背景知识

　　射极跟随器（又称射极输出器，简称射随器或跟随器）是一种共集电极（输入回路和输出回路以集电极作为公共端）接法的电路，这种电路从基极输入信号，从射极输出信号，所以又被称为射极输出器。它具有输入信号与输出信号相位相同、输入阻抗高、输出阻抗低的特性，因此使得它从信号源索取的电流较小而且带负载的能力强，所以常用于多级放大电路的输入级和输出级；也可用它来连接两个电路，可以减少两个电路间直接相连所带来的不良影响，起到缓冲的作用。此外它的电路具有深度负反馈的作用，所以电路的工作状态非常稳定。射极跟随器可以以很小的输入电流得到很大的输出电流，因此它具有电流放大及功率放大作用，但是其电压放大倍数恒小于 1，且接近于 1，所以它没有电压放大的能力；但是射极跟随器的输出电压能够在较大范围内跟随输入电压作线性变化，而且输入、输出信号相位相同。所以我们可以定义射极跟随器的电压跟随范围为输出电压 u_o 跟随输入电压 u_i 作线性变化的区域。

　　射极跟随器的输入电阻至少是几十千欧，比一般共发射极电路的输入电阻大得很多。输入电阻大，它消耗信号源的电流就小，因此在多级放大器电路中，射极跟随器对信号源或前级电路而言只是很轻的负载。同时，射极跟随器的输出电阻又很小，一般为的几欧到几十欧，与共发射极电路相比又小得多。利用射极跟随器输入电阻大、输出电阻小的特点可以实现阻抗匹配的功能。在多级放大器电路中，可以在两级之间加入一级射极跟随器，使它的高输入阻抗与前级的高输出阻抗匹配；低输出阻抗与后级的低输入阻抗相匹配，这样就可以起到缓冲的作用，减少了前后级之间的影响。

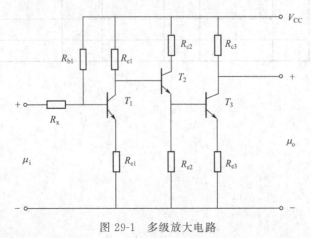

图 29-1 多级放大电路

　　图 29-1 是一个多级放大电路的实例，通过这个实例我们可以学习到射极跟随器的阻抗匹配功能。图中 T_2 处于射极跟随状态，它将输入级 T_1 和输出级 T_3 相互隔开，减弱了 T_1 和 T_3 的相互影响，并且由于 T_2 具有的电压跟随特性，使得 T_2 的加入对电路的工作状态没有影响。所以此时 T_2 所起的作用是缓冲、隔离前后级的相互干扰，起到阻抗匹配的作用。

二、实验原理

射极跟随器的原理图如图 29-2 所示。它是一个电压串联负反馈放大电路，它具有输入电阻高，输出电阻低，电压放大倍数接近于 1，输出电压能够在较大范围内跟随输入电压作线性变化以及输入、输出信号同相等特点。

射极跟随器的输出取自发射极，故称其为射极输出器。

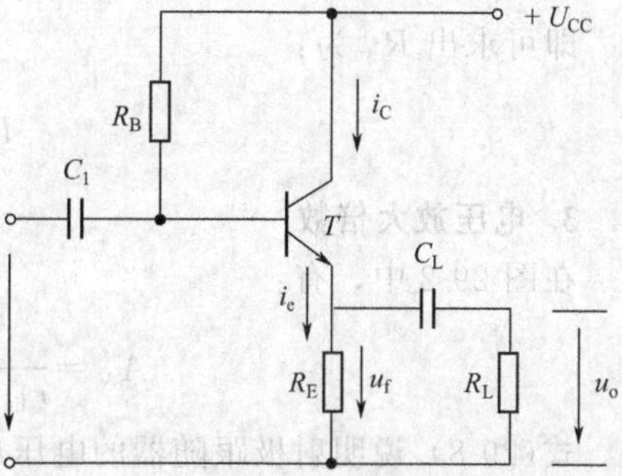

1. 输入电阻 R_i

在图 29-2 中，有

$$R_i = r_{be} + (1+\beta)R_E \qquad (29\text{-}1)$$

如考虑偏置电阻 R_B 和负载 R_L 的影响，则

$$R_i = R_B /\!/ [r_{be} + (1+\beta)(R_E /\!/ R_L)] \qquad (29\text{-}2)$$

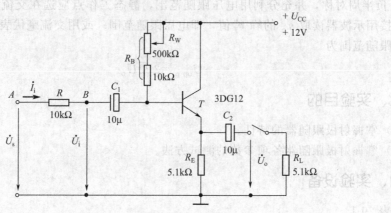

图 29-2　射极跟随器原理

由式（29-1）和式（29-2）可知射极跟随器的输入电阻 R_i 比共射极单管放大器的输入电阻 $R_i = R_B /\!/ r_{be}$ 要高得多，但由于偏置电阻 R_B 的分流作用，输入电阻难以进一步提高。

输入电阻的测试方法同单管放大器，实验电路如图 29-3 所示。

图 29-3　射极跟随器实验电路

$$R_i = \frac{U_i}{I_i} = \frac{U_i}{U_s - U_i} R \qquad (29\text{-}3)$$

即只要测得 A、B 两点的对地电位即可计算出 R_i。

2. 输出电阻 R_o

在图 29-2 中，有

$$R_o = \frac{r_{be}}{\beta} /\!/ R_E \approx \frac{r_{be}}{\beta} \qquad (29\text{-}4)$$

如考虑信号源内阻 R_s，则

$$R_o = \frac{r_{be} + (R_s /\!/ R_B)}{\beta} /\!/ R_E \approx \frac{r_{be} + (R_s /\!/ R_B)}{\beta} \qquad (29\text{-}5)$$

由式（29-4）和式（29-5）可知射极跟随器的输出电阻 R_o 比共射极单管放大器的输出电阻 $R_o \approx R_C$ 低得多。三极管的 β 越高，输出电阻越小。

输出电阻 R_o 的测试方法亦同单管放大器,即先测出空载输出电压 U_o,再测接入负载 R_L 后的输出电压 U_L,根据

$$U_L = \frac{R_L}{R_o + R_L} U_o \qquad (29\text{-}6)$$

即可求出 R_o 为:

$$R_o = \left(\frac{U_o}{U_L} - 1 \right) R_L \qquad (29\text{-}7)$$

3. 电压放大倍数

在图 29-2 中,有:

$$A_V = \frac{(1+\beta)(R_E /\!/ R_L)}{r_{be} + (1+\beta)(R_E /\!/ R_L)} \leqslant 1 \qquad (29\text{-}8)$$

式(29-8)说明射极跟随器的电压放大倍数小于等于 1,且为正值。这是深度电压负反馈的结果。但它的射极电流仍比基流大 $(1+\beta)$ 倍,所以它具有一定的电流和功率放大作用。

4. 电压跟随范围

电压跟随范围是指射极跟随器输出电压 u_o 跟随输入电压 u_i 作线性变化的区域。当 u_i 超过一定范围时,u_o 便不能跟随 u_i 作线性变化,即 u_o 波形产生了失真。为了使输出电压 u_o 正、负半周对称,并充分利用电压跟随范围,静态工作点应选在交流负载线中点,测量时可直接用示波器读取 u_o 的峰-峰值,即电压跟随范围;或用交流毫伏表读取 u_o 的有效值,则电压跟随范围为

$$U_{\text{op-p}} = 2\sqrt{2}\, U_o \qquad (29\text{-}9)$$

三、实验目的

(1) 掌握射极跟随器的特性。
(2) 掌握射极跟随器各项参数的测试方法。

四、实验设备

见表 29-1。

表 29-1 实验设备

序号	名称	型号与规格	数量
1	+12V 直流电源		1
2	函数信号发生器		1
3	双踪示波器	YB4328	1
4	交流毫伏表		1
5	直流电压表		1
6	频率计		1
7	3DG12($\beta = 50 \sim 100$)或 9013		1
8	电阻器		若干
9	电容器		若干

五、实验内容

按图 29-3 组接电路。

1. 静态工作点的调整

接通 +12V 直流电源，在 B 点加入 $f=1kHz$ 正弦信号 u_i，输出端用示波器监视输出波形，反复调整 R_W 及信号源的输出幅度，使在示波器的屏幕上得到一个最大不失真输出波形，然后置 $u_i=0$，用直流电压表测量晶体管各电极对地电位，将测得数据记入表 29-2。

在下面整个测试过程中应保持 R_W 值不变（即保持静工作点 I_E 不变）。

2. 测量电压放大倍数 A_V

接入负载 $R_L=1k\Omega$，在 B 点加 $f=1kHz$ 正弦信号 u_i，调节输入信号幅度，用示波器观察输出波形 u_o，在输出最大不失真情况下，用交流毫伏表测 U_i、U_L 值。记入表 29-3。

3. 测量输出电阻 R_o

接上负载 $R_L=1K$，在 B 点加 $f=1kHz$ 正弦信号 u_i，用示波器监视输出波形，测空载输出电压 U_o，有负载时输出电压 U_L，记入表 29-4。

4. 测量输入电阻 R_i

在 A 点加 $f=1kHz$ 的正弦信号 u_s，用示波器监视输出波形，用交流毫伏表分别测出 A、B 点对地的电位 U_s、U_i，记入表 29-5。

5. 测试跟随特性

接入负载 $R_L=1k\Omega$，在 B 点加入 $f=1kHz$ 正弦信号 u_i，逐渐增大信号 u_i 幅度，用示波器监视输出波形直至输出波形达最大不失真，测量对应的 U_L 值，记入表 29-6。

6. 测试频率响应特性

保持输入信号 u_i 幅度不变，改变信号源频率，用示波器监视输出波形，用交流毫伏表测量不同频率下的输出电压 U_L 值，记入表 29-7。

六、实验注意事项

（1）掌握射极跟随器的特性。
（2）掌握射极跟随器各项参数的测试方法。

七、实验思考题

（1）复习射极跟随器的工作原理。
（2）根据图 29-3 的元件参数值估算静态工作点，并画出交、直流负载线。

八、实验报告

（1）整理实验数据，并画出曲线 $U_L=f(U_i)$ 及 $U_L=f(f)$ 曲线。
（2）分析射极跟随器的性能和特点。

九、实验数据

见表 29-2～表 29-7。

表 29-2　静态工作点的实验数据

U_E/V	U_B/V	U_C/V	I_E/mA

表 29-3　测量电压放大倍数实验数据

U_i/V	U_L/V	A_V

表 29-4　测量输出电阻实验数据

U_o/V	U_L/V	$R_o/k\Omega$

表 29-5　测量输入电阻实验数据

U_S/V	U_i/V	$R_i/k\Omega$

表 29-6　测试跟随特性实验数据

U_i/V	
U_L/V	

表 29-7　测试频率响应特性实验数据

f/kHz	
U_L/V	

实验三十　温度检测及反馈控制电路

一、背景知识

反馈又称回馈，是控制理论中的一个基本概念，即将系统的输出返回到输入端，并以某种方式改变输入，从而影响系统功能的过程。反馈可分为正反馈和负反馈。正反馈使输出起到与输入相似的作用，使系统偏差不断增大；负反馈使输出起到与输入相反的作用，即使系统输出与系统目标的误差减小，系统趋于稳定。或者说在某一个条件发生变化时，系统会作出抵抗该变化的行为，如人的体温上升时会流汗，流汗会散热使体温下降，这就是负反馈的一个例子，在自然界中有许多系统具有有负反馈的特性，因此对负反馈的研究是控制论的核心问题。

1788 年，瓦特为了控制蒸汽机速度所设计的离心式调速器（图 30-1）就是利用了负反馈的原理。这也是世界上第一个自动控制系统。
在离心式调速器中有两颗重球，其旋转速度和蒸汽机相同，当蒸汽机的速度提高时，重球因离心力移到调速器的外侧，因此会带动机构，适当关小蒸汽机的进气阀门，从而降低蒸汽机速度，当蒸汽机速度过低时，重球会移到调速器的内侧，连动机构就会开大蒸汽机的进气阀门，从而增加蒸汽机速度。依此原理即可将蒸汽机的速度控制在某一常值附近。

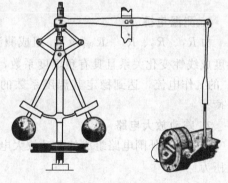

图 30-1　离心式调速器

以自动调温器在暖气系统中的应用为例，当房间内的温度低于设定的下限温度时，自动调温器会打开暖气系统，而当温度高于上限温度时，自动调温器会关闭暖气系统，这样就可以使室温控制在一个稳定的范围之内。

在物理系统及生物系统中，许多不同的影响会互相制衡，如在生物体内，某一种化学物质会使生物系统趋向某一特定状态，而另外一种化学物质会使生物系统远离该状态，所以这两种化学物质的作用有可能会达到平衡。在生物学或生物化学中，以上的机制称为恒定，在力学中，以上的机制称为平衡。

从上面的例子可以看出，不论是正反馈或负反馈的系统都有反馈回路，使输出可以再影响到系统的状态。当系统的输出受到扰动时，负反馈可以抵消扰动的影响。相反的，对于正反馈的系统，当输出变动时，系统会放大原来的输出，系统将无法达到平衡的状态。

二、实验原理

温度检测及控制实验电路如图 30-2 所示，它是由负温度系数电阻特性的热敏电阻（NTC 元件）R_t 为一臂组成测温电桥，其输出经测量放大器放大后由滞回比较器输出"加热"与"停止"信号，经三极管放大后控制加热器"加热"与"停止"。改变滞回比较器的比较电压 U_R 即改变控温的范围，而控温的精度则由滞回比较器的滞回宽度确定。

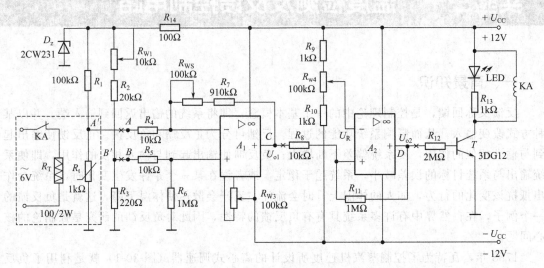

图 30-2　温度检测及控制实验电路

1. 测温电桥

由 R_1、R_2、R_3、R_{W1} 及 R_t 组成测温电桥，其中 R_t 是温度传感器。其呈现出的阻值与温度成线性变化关系且具有负温度系数，而温度系数又与流过它的工作电流有关。为了稳定 R_t 的工作电流，达到稳定其温度系数的目的，设置了稳压管 D_2。R_{W1} 可决定测温电桥的平衡。

2. 差动放大电路

由 A_1 及外围电路组成的差动放大电路，将测温电桥输出电压 ΔU 按比例放大。其输出电压为

$$U_{o1} = -\left(\frac{R_7 + R_{W2}}{R_4}\right)U_A + \left(\frac{R_4 + R_7 + R_{W2}}{R_4}\right)\left(\frac{R_6}{R_5 + R_6}\right)U_B \tag{30-1}$$

当 $R_4 = R_5$，$(R_7 + R_{W2}) = R_6$ 时，有

$$U_{o1} = \frac{R_7 + R_{W2}}{R_4}(U_B - U_A) \tag{30-2}$$

R_{W3} 用于差动放大器调零。

可见差动放大电路的输出电压 U_{o1} 仅取决于两个输入电压之差和外部电阻的比值。

3. 滞回比较器

差动放大器的输出电压 U_{o1} 输入由 A_2 组成的滞回比较器。

滞回比较器的单元电路如图 30-3 所示，设比较器输出高电平为 U_{oH}，输出低电平为 U_{oL}，参考电压 U_R 加在反相输入端。

当输出为高电平 U_{oH} 时，运放同相输入端电位为

$$u_{+H} = \frac{R_F}{R_2 + R_F}u_i + \frac{R_2}{R_2 + R_F}U_{oH} \quad (30\text{-}3)$$

当 u_i 减小到使 $u_{+H} = U_R$，则

$$u_i = u_{TL} = \frac{R_2 + R_F}{R_F}U_R - \frac{R_2}{R_F}U_{oH} \quad (30\text{-}4)$$

此后，u_i 稍有减小，输出就从高电平跳变为低电平。

当输出为低电平 U_{oL} 时，运放同相输入端电位为

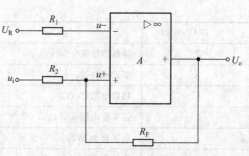

图 30-3　滞回比较器的单元电路

$$u_{+L} = \frac{R_F}{R_2 + R_F}u_i + \frac{R_2}{R_2 + R_F}U_{oL} \quad (30\text{-}5)$$

当 u_i 增大到使 $u_{+L} = U_R$，则

$$u_i = U_{TH} = \frac{R_2 + R_F}{R_F}U_R - \frac{R_2}{R_F}U_{oL} \quad (30\text{-}6)$$

此后，u_i 稍有增加，输出又从低电平跳变为高电平。

因此 U_{TL} 和 U_{TH} 为输出电平跳变时对应的输入电平，常称 U_{TL} 为下门限电平，U_{TH} 为上门限电平，而两者的差值为

$$\Delta U_T = U_{TR} - U_{TL} = \frac{R_2}{R_F}(U_{oH} - U_{oL}) \quad (30\text{-}7)$$

ΔU_T 称为门限宽度，它们的大小可通过调节 R_2/R_F 的比值来调节。

图 30-4 为滞回比较器的电压传输特性。

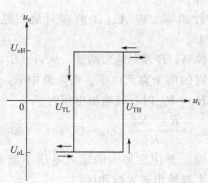

图 30-4　滞回比较器的电压传输特性

由上述分析可见差动放大器输出电压 u_{o1} 经分压后 A_2 组成的滞回比较器，与反相输入端的参考电压 U_R 相比较。当同相输入端的电压信号大于反相输入端的电压时，A_2 输出正饱和电压，三极管 T 饱和导通。通过发光二极管 LED 的发光情况，可见负载的工作状态为加热。反之，为同相输入信号小于反相输入端电压时，A_2 输出负饱和电压，三极管 T 截止，LED 熄灭，负载的工作状态为停止。调节 R_{W4} 可改变参考电平，也同时调节了上下门限电平，从而达到设定温度的目的。

三、实验目的

（1）学习由双臂电桥和差动输入集成运放组成的桥式放大电路。
（2）掌握滞回比较器的性能和调试方法。
（3）学会系统测量和调试。

四、实验设备

见表 30-1。

表 30-1　实验设备

序号	名称	型号与规格	数量
1	＋/－12V 直流电源		1

续表

序号	名称	型号与规格	数量
2	函数信号发生器		1
3	双踪示波器	YB4328	1
4	热敏电阻（NTC）		1
5	运算放大器 μA741		2
6	稳压管 2CW231		1
7	三极管 3DG12		1
8	发光管 LED		1

五、实验内容

连接实验电路，各级之间暂不连通，形成各级单元电路，以便各单元分别进行调试。

（一）差动放大器

差动放大电路如图 30-5 所示。它可实现差动比例运算。

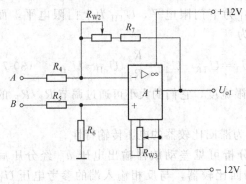

图 30-5 差动放大电路

（1）运放调零。将 A、B 两端对地短路，调节 R_{W3} 使 $U_o=0$。

（2）去掉 A、B 端对地短路线。从 A、B 端分别加入不同的两个直流电平。当电路中 $R_7+R_{W2}=R_6$，$R_4=R_5$ 时，其输出电压为

$$u_o=\frac{R_7+R_{W2}}{R_4}(U_B-U_A) \tag{30-8}$$

在测试时，要注意加入的输入电压不能太大，以免放大器输出进入饱和区。

（3）将 B 点对地短路，把频率为 100Hz、有效值为 10mV 的正弦波加入 A 点。用示波器观察输出波形。在输出波形不失真的情况下，用交流毫伏表测出 u_i 和 u_o 的电压。算得此差动放大电路的电压放大倍数 A。

（二）桥式测温放大电路

将差动放大电路的 A、B 端与测温电桥的 A'、B' 端相连，构成一个桥式测温放大电路。

1. 在室温下使电桥平衡

在实验室室温条件下，调节 R_{W1}，使差动放大器输出 $U_{o1}=0$（注意，前面实验中调好的 R_{W3} 不能再动）。

2. 温度系数 K（V/C）

由于测温需升温槽，为使实验简易，可虚设室温 T 及输出电压 u_{o1}，温度系数 K 也定为一个常数，具体参数由读者自行填入表格内。

3. 桥式测温放大器的温度-电压关系曲线

根据前面测温放大器的温度系数 K，可画出测温放大器的温度-电压关系曲线，实验时要标注相关的温度和电压的值，如图 30-6 所示。从图中可求得在其他温度时，放大器实际应输出的电压值。也可得到在当前室温时，U_{o1} 实际对应值 U_s，数据填入表 30-2。

4. 重调 R_{W1}

重调 R_{W1} 使测温放大器在当前室温下输出 U_S。即调 R_{W1}，使 $U_{o1} = U_S$。

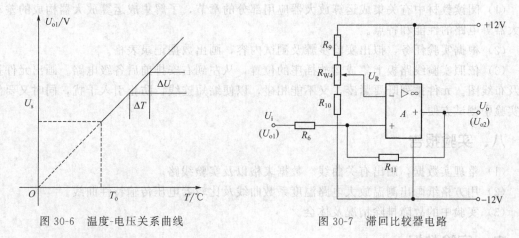

图 30-6 温度-电压关系曲线   图 30-7 滞回比较器电路

（三）滞回比较器

滞回比较器电路如图 30-7 所示。

1. 直流法测试比较器的上下门限电平

首先确定参考电平 U_R 值。调 R_{W4}，使 $U_R = 2V$。然后将可变的直流电压 U_i 加入比较器的输入端。比较器的输出电压 U_o 送入示波器 Y 输入端（将示波器的"输入耦合方式开关"置于"DC"，X 轴"扫描触发方式开关"置于"自动"）。改变直流输入电压 U_i 的大小，从示波器屏幕上观察到当 u_o 跳变时所对应的 U_i 值，即为上、下门限电平。

2. 交流法测试电压传输特性曲线

将频率为100Hz、幅度3V的正弦信号加入比较器输入端，同时送入示波器的 X 轴输入端，作为 X 轴扫描信号。比较器的输出信号送入示波器的 Y 轴输入端。微调正弦信号的大小，可从示波器显示屏上到完整的电压传输特性曲线。

（四）温度检测控制电路整机工作状况

（1）按图 30-2 连接各级电路（注意，可调元件 R_{W1}、R_{W2}、R_{W3} 不能随意变动。如有变动，必须重新进行前面内容）。

（2）根据所需检测报警或控制的温度 T，从测温放大器温度-电压关系曲线中确定对应的 u_{o1} 值。

（3）调节 R_{W4} 使参考电压 $U'_R = U_R = U_{o1}$。

（4）用加热器升温，观察温升情况，直至报警电路动作报警（在实验电路中当 LED 发光时作为报警），记下动作时对应的温度值 T_1 和 U_{o11} 的值于表 30-3。

（5）用自然降温法使热敏电阻降温，记下电路解除时所对应的温度值 T_2 和 U_{o12} 的值于表 30-3。

（6）改变控制温度 T，重做（2）～（5）的内容。把测试结果记入表 30-3。

根据 T_1 和 T_2 值，可得到检测灵敏度 $T_0 = (T_2 - T_1)$。

实验中的加热装置可用一个 $100\Omega/2W$ 的电阻 R_T 模拟，将此电阻靠近 R_t 即可。

六、实验注意事项

测量时应注意判断集成运算放大器是否存在自激震荡。

七、实验思考题

（1）阅读教材中有关集成运算放大器应用部分的章节，了解集成运算放大器构成的差动放大器等电路的性能和特点。

（2）根据实验任务，拟出实验步骤及测试内容，画出数据记录表格。

（3）依照实验线路板上集成运放插座的位置，从左到右安排前后各级电路。画出元件排列及布线图。元件排列既要紧凑，又不能相碰，以便缩短连线，防止引入干扰，同时又要便于实验中测试方便。

八、实验报告

（1）整理实数据，画出有关曲线、数据表格以及实验线路。

（2）用方格纸画出测温放大电路温度系数曲线及比较器电压传输特性曲线。

（3）实验中的故障排除情况及体会。

九、实验数据

见表 30-2、表 30-3。

表 30-2　室温 T 及输出电压实验数据

温度 $T/℃$	室温　℃				
输出电压 U_{o1}/V	0				

表 30-3　实验数据

设定温度 $T/℃$						
设定电压	从曲线上查得 U_{o1}/V					
	U_R/V					
动作温度	$T_1/℃$					
	$T_2/℃$					
动作电压	U_{o11}/V					
	U_{o12}/V					

实验三十一　TTL集成逻辑门的逻辑功能测试

一、背景知识

TTL（Transistor-Transistor Logic）是一种应用广泛的逻辑门数字集成电路，它是由电阻、晶体管、二极管构成的偏置电路所组合而成的（图31-1）。TTL最早是由美国得克萨斯州仪器公司开发出来的，现在虽然有多家厂商生产，但产品的编号命名还是以得克萨斯州仪器公司所公布的资料为依据。其中最常见的是74系列与54系列产品。74系列为民用品，可工作于商用产品温度范围（0～70℃）之内，是一般TTL逻辑电路中最为常见的系列，是数字逻辑电路和是微处理器等的相关课程的主要学习内容。

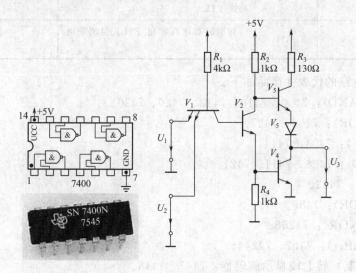

图 31-1　TTL集成电路

54系列为军用品，工作于军用产品温度范围（−55～125℃），可用于具有特殊工作需求的环境中。

74系列TTL集成电路的分类如下。

（1）标准型：结构和构成的材料最为简单，如7400。

（2）低功率型（英文Low Power简写"L"）：耗电低，但速度慢，如74L00。

（3）高速型（英文High Speed简写"H"）：速度较快，输出较强，但耗电高，如74H00。

（4）肖特基型（Schottky）：肖特基型最主要是采用了肖特基二极管和肖特基晶体管来改善切换速度。它常常被用来配合Intel 8051使用。具体包括高级肖特基型（Advanced Schottky Logic，AS），如74AS00；低功率肖特基型（Low Power Schottky Logic，LS），

如 74LS00；高级低功率肖特基型（Advanced Low Power Schottky Logic，ALS），如
74ALS00。

TTL 各系列典型消耗功率与传输延迟的对比如表 31-1 所示。

表 31-1　TTL 各系列典型消耗功率与传输延迟的对比

系列	型号	特征	消耗电力 /(mW/Gate)	传输延迟 tpd/nsec
低功率 TTL	74L	初期的低消耗电力产品。但速度慢	1	35
低功率肖特基 TTL	74LS	20 世纪 70 年代后期至 80 年代初期的主流 TTL	2	10
先进(Advanced)LS-TTL	74ALS	20 世纪 80 年代中期推出的 LS-TTL 改良品	1	4
先进(Advanced)S-TTL	74AS	20 世纪 80 年代中期推出的 S-TTL 改良品	20	1.5
快速型 FAST	74F	20 世纪 80 年代中期由 Fairchild 公司发售的高速肖特基 TTL	4	2.5
标准 TTL	74	1962 年商品化初期的标准品	10	10
肖特基 TTL	74S	使用肖特基二极管与肖特基晶体管的高速 TTL	20	3
高速 TTL	74H	初期的高速高输出 TTL。但消耗电力大	20	6

TTL 集成电路的代表性产品如下。

与非门（NAND）：7400、7410、7412、7420、7430。

或非门（NOR）：7402、7427。

非门（NOT）：7404、7414。

与门（AND）：7408、7411、7421。

或门（OR）：7432。

异或门（XOR）：7486。

同或门（XNOR）：74266。

缓冲器（Buffer）：7407、74244。

BCD（十进制）转七段显示解码器：7447、7448。

全加器（Full Adders）：7483、74283。

D 型栓锁器（D-type Latches）：74373。

异步计数器（Asynchronous Counter）：7490、7492。

二、实验原理

用以实现基本和常用逻辑运算的电子电路，简称门电路。

基本和常用门电路有与门、或门、非门（反相器）、与非门、或非门、与或非门和异或门等。

（一）逻辑与和与门电路

当决定某事件的全部条件同时具备时，结果才会发生，这种因果关系叫作逻辑与。实现

逻辑与关系的电路称为与门。

逻辑表达式为 $F=AB$。

逻辑符号见图 31-2。

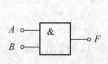

图 31-2　与门逻辑符号

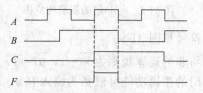

图 31-3　与门输入与输出波形图

逻辑与（逻辑乘）的运算规则为 $0 \cdot 0=0$，$0 \cdot 1=0$，$1 \cdot 0=0$，$1 \cdot 1=1$。

与门的输入端可以有多个，图 31-3 为一个三输入与门电路的输入信号 A、B、C 和输出信号 F 的波形图。

与门的逻辑功能可概括为输入有 0，输出为 0；输入全 1，输出为 1。

（二）逻辑或和或门电路

在决定某事件的条件中，只要任一条件具备，事件就会发生，这种因果关系叫作逻辑或。实现逻辑或关系的电路称为或门。

逻辑表达式为 $F=A+B$。

逻辑符号见图 31-4。

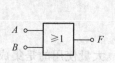

图 31-4　或门逻辑符号

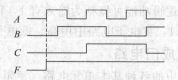

图 31-5　或门输入与输出波形图

逻辑或（逻辑加）的运算规则为 $0+0=0$，$0+1=1$，$1+0=1$，$1+1=1$。

或门的输入端也可以有多个，图 31-5 为一个三输入或门电路的输入信号 A、B、C 和输出信号 F 的波形图。

或门的逻辑功能可概括为输入有 1，输出为 1；输入全 0，输出为 0。

（三）逻辑非和非门电路

决定某事件的条件只有一个，当条件出现时事件不发生，而条件不出现时，事件发生，这种因果关系叫作逻辑非。实现逻辑非关系的电路称为非门，也称反相器。

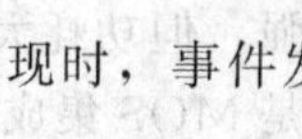

逻辑符号见图 31-6。

逻辑表达式 $F=\overline{A}$。

图 31-6　非门
逻辑符号

逻辑非（逻辑反）的运算规则为 $\overline{0}=1$，$\overline{1}=0$。

（四）门电路

将与门、或门、非门组合起来，可以构成多种复合门电路。

1. 与非门

"与"和"非"的复合逻辑，称为"逻辑与非"。由与门和非门构成的电路称为与非门。

其逻辑表达式为 $F=\overline{AB}$。

其逻辑构成见图 31-7。

图 31-7　与非门的逻辑构成图　　　　　图 31-8　与非门逻辑符号

逻辑符号见图 31-8。

逻辑与非的运算规则为 $\overline{00}=1$，$\overline{01}=1$，$\overline{10}=1$，$\overline{11}=0$。

与非门的逻辑功能可概括为输入有 0，输出为 1；输入全 1，输出为 0。

2. 或非门

"或"和"非"的复合逻辑，称为"逻辑或非"。由或门和非门构成的电路称为或非门。

或非门的构成见图 31-9。

图 31-9　或非门的逻辑构成图　　　　　图 31-10　或非门的逻辑符号

或非门的逻辑符号见图 31-10。

逻辑表达式为 $F=\overline{A+B}$。

逻辑或非的运算规则为 $\overline{0+0}=1$，$\overline{0+1}=0$，$\overline{1+0}=0$，$\overline{1+1}=0$。

或非门的逻辑功能可概括为输入有 1，输出为 0；输入全 0，输出为 1。

逻辑 0 和 1，在电子电路中用高、低电平来表示。

（五）集成门电路

数字电路中的各种基本单元电路（逻辑门、触发器等）大量使用的是集成电路。数字集成电路按其内部有源器件的不同可以分为两大类。一类为双极型晶体管集成电路，它主要有晶体管-晶体管逻辑（TTL—Transistor Transistor Logic）、射极耦合逻辑（ECL—Emitter Coupled Logic）和集成注入逻辑（IIL—Integrated Injection Logic）等几种类型。另一类为 MOS（Metal Oxide Semiconductor）集成电路，其有源器件采用金属氧化物半导体场效应管，它又可分为 NMOS、PMOS 和 CMOS 等几种类型。

目前数字系统中普遍使用 TTL 和 CMOS 集成电路。TTL 集成电路工作速度高、驱动能力强，但功耗大、集成度低；MOS 集成电路集成度高、功耗低。超大规模集成电路基本上都是 MOS 集成电路，其缺点是工作速度略低。目前已生产了 BiCMOS 器件，它由双极型晶体管电路和 MOS 型集成电路构成，能够充分发挥两种电路的优势，缺点是制造工艺复杂。

数字电路中的晶体二极管、三极管和 MOS 管工作在开关状态。导通状态相当于开关闭合；截止状态相当于开关断开。

逻辑变量←→两状态开关，在逻辑代数中逻辑变量有两种取值，即 0 和 1；电子开关有两种状态，即闭合、断开。半导体二极管、三极管和 MOS 管，则是构成这种电子开关的基本开关元件。

三、实验目的

（1）掌握 TTL 集成与非门的逻辑功能的测试方法。

（2）掌握 TTL 器件的使用规则。

（3）熟悉数字电路实验装置的结构，基本功能和使用方法。

四、实验设备

见表 31-2。

表 31-2　实验设备

序号	名称	型号与规格	数量
1	数电、模电实验箱		1
2	直流稳压电源	+5V	1
3	芯片	74LS20	1

五、实验内容

验证 TTL 集成与非门 74LS20 的逻辑功能。

（1）在合适的位置选取一个 14P 插座，按定位标记插好 74LS20 集成块。

（2）按图 31-11 接线，门的四个输入端接逻辑开关输出插口，以提供"0"与"1"电平信号，开关向上，输出逻辑"1"，向下为逻辑"0"。门的输出端接由 LED 发光二极管组成的逻辑电平显示器（又称 0-1 指示器）的显示插口，LED 亮为逻辑"1"，不亮为逻辑"0"。其中芯片 14 脚接+5V 电源，7 接 GND 端。

（3）按表 31-3 的真值表逐个测试集成块中两个与非门的逻辑功能。74LS20 有 4 个输入端，有 16 个最小项，在实际测试时，只要通过

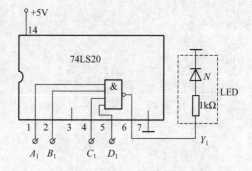

图 31-11　验证与非门逻辑功能图

对输入 1111、0111、1011、1101、1110 五项进行检测就可判断其逻辑功能是否正常。

六、实验注意事项

（1）接插集成块时，要认清定位标记，不得插反。

（2）电源电压使用范围为+4.5～+5.5V 之间，实验中要求使用 V_{CC}=+5V。电源极性绝对不允许接错。

七、实验思考题

熟悉实验用的各个集成门的引脚功能。

八、实验报告

根据实验结果，写出门电路的逻辑表达式，并判断被测电路的功能好坏。

九、实验数据

见表 31-3。

表 31-3　逻辑功能实验数据

输入				输出	
A	B	C	D	Y_1	Y_2

实验三十二 CMOS集成逻辑门的逻辑功能测试

一、背景知识

CMOS 集成电路是互补对称金属氧化物半导体集成电路的英文缩写，它的许多基本逻辑单元都是用增强型 PMOS 晶体和增强型 NMOS 晶体按照互补对称形式连接而成的。将 N 沟道 MOS 晶体管和 P 沟道 MOS 晶体管同时用于一个集成电路中，成为组合二种沟道 MOS 管性能的更优良的集成电路。图 32-1 是一个水位检测电路由 CMOS 与非门组成。

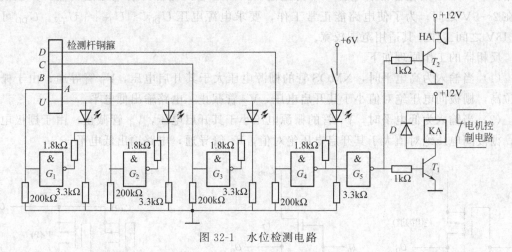

图 32-1　水位检测电路

当水箱无水时，检测杆上的铜箍 $A \sim D$ 与电源正极 U 端之间断开，与非门 $G_1 \sim G_4$ 的输入端为低电平，输出端为高电平。调整 3.3kΩ 电阻的阻值，发光二极管处于微导通状态，微亮度适中。当水箱注水时，先注到高度 A，U 与 A 之间通过水接通，G_1 输入为高电平，输出为低电平，将相应的发光二极管点亮。随着水位的不断升高，发光二极管逐个点亮。当水注满时，最后一个发光二极管点亮，这时 G_4 输出为低电平，G_5 输出为高电平，晶体管 T_1 和 T_2 导通。T_1 导通，断开电机的控制电路，电机停止注水；T_2 导通，蜂鸣器 HA 发出报警声响。

二、实验原理

（一）CMOS 集成门电路的结构和优点

CMOS 集成电路的主要优点如下。

（1）功耗低，其静态工作电流在 10^{-9} A 数量级，是目前所有数字集成电路中最低的，

159

而 TTL 器件的功耗则大得多。

（2）高输入阻抗，通常大于 $10^{10}\,\Omega$，远高于 TTL 器件的输入阻抗。

（3）接近理想的传输特性，输出高电平可达电源电压的 99.9% 以上，低电平可达电源电压的 0.1% 以下，因此输出逻辑电平的摆幅很大，噪声容限很高。

（4）电源电压范围广，可在 +3～+18V 范围内正常运行。

（5）由于有很高的输入阻抗，要求驱动电流很小，约 $0.1\mu A$，输出电流在 +5V 电源下约为 $500\mu A$，远小于 TTL 电路，如以此电流来驱动同类门电路，其扇出系数将非常大。在一般低频率时，无需考虑扇出系数，但在高频时，后级门的输入电容将成为主要负载，使其扇出能力下降，所以在较高频率工作时，CMOS 电路的扇出系数一般取 10～20。

（二）CMOS 门电路逻辑功能

以 MOS 管做开关器件的门电路叫作 CMOS 门电路。CMOS 门电路的种类很多，有 CMOS 反相器、CMOS 与非门、CMOS 或非门以及 CMOS 传输门等。

1. CMOS 反相器

CMOS 反相器电路如图 32-2(a) 所示，它由两个增强型 MOS 场效应管组成，其中 V_1 为 NMOS 管，称驱动管，V_2 为 PMOS 管，称负载管。图 32-2(b) 是 CMOS 反相器的简化电路。NMOS 管的栅源开启电压 U_{TN} 为正值，PMOS 管的栅源开启电压是负值，其数值范围在 2～5V 之间。为了使电路能正常工作，要求电源电压 $U_{DD} > |U_{TP}| + U_{TN}$。$U_{DD}$ 可在 3～18V 之间工作，其适用范围较宽。

反相器的工作原理如下。

（1）当输入为高电平时，NMOS 管的栅源电压大于其开启电压，V_1 管导通；由于栅极电位高，栅极间电压绝对值小于其开启电压，V_2 管截止，电路输出低电平。

（2）当输入为低电平时，V_1 管的栅源电压小于其开启电压，V_1 管截止；由于栅极电位低，栅极间电压绝对值大于其开启电压绝对值，V_2 管导通，电路输出低电平。

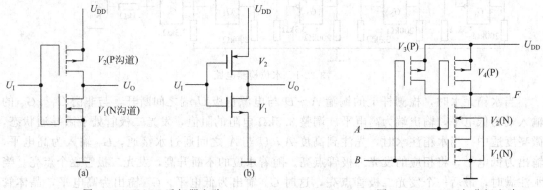

图 32-2　CMOS 反相器电路　　　　　　　图 32-3　CMOS 与非门电路

可见，电路完成了 $F = \overline{A}$（反相）功能。当反相器处于稳定的逻辑状态时，无论是输出高电平还是低电平，两个 MOS 管中总有一个导通，一个截止。电源只向电路提供纳安级的沟道漏电流，因而使得 CMOS 电路的静态功耗很低，这正是 CMOS 类型电路的突出优点。

2. CMOS 与非门

两输入端的 CMOS 与非门电路，如图 32-3 所示。其中包括两个串联的 NMOS 管和两个并联的 PMOS 管，两个输入端各连到一个 NMOS 管的栅极和一个 PMOS 管的栅极上。

只要输入端有一个为低电平，与其相连的 NMOS 管就会截止，与其相连的 PMOS 管就会导通，输出为高电平。当输入端全为高电平时，两个串联的 NMOS 管都导通，两个并联的 PMOS 管都截止，输出端为低电平，电路具有与非的逻辑功能，即 $F=\overline{AB}$。

如果与非门的输入端有 N 个，则必须有 N 个 NMOS 管串联和 N 个 PMOS 管并联。

尽管 CMOS 与 TTL 电路内部结构不同，但它们的逻辑功能完全一样。本实验将测定与非门 CD4011 的逻辑功能。

（三）CMOS 电路的使用规则

由于 CMOS 电路有很高的输入阻抗，这给使用者带来一定的麻烦，即外来的干扰信号很容易在一些悬空的输入端上感应出很高的电压，以至损坏器件。CMOS 电路的使用规则如下。

（1）V_{DD} 接电源正极，V_{SS} 接电源负极（通常接地⊥），不得接反。CD4000 系列的电源允许电压在 $+3\sim+18V$ 范围内选择，实验中一般要求使用 $+5\sim+15V$。

（2）所有输入端一律不准悬空。闲置输入端的处理方法如下。

① 按照逻辑要求，直接接 V_{DD}（与非门）或 V_{SS}（或非门）。

② 在工作频率不高的电路中，允许输入端并联使用。

（3）输出端不允许直接与 V_{DD} 或 V_{SS} 连接，否则将导致器件损坏。

（4）在装接电路，改变电路连接或插、拔电路时，均应切断电源，严禁带电操作。

焊接、测试和储存时的注意事项如下。

① 电路应存放在导电的容器内，有良好的静电屏蔽。

② 焊接时必须切断电源，电烙铁外壳必须良好接地，或拔下烙铁，靠其余热焊接。

③ 所有的测试仪器必须良好接地。

本实验将测定 CMOS 与非门型号为 CD4011，是 2 输入端的四与非门，即在一块集成块内有 4 个 2 输入与非门，其引脚排列如图 32-4 所示。

其逻辑表达式为 $Y=\overline{AB}$。

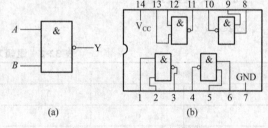

图 32-4　CD4011 引脚排列图

三、实验目的

（1）掌握 CMOS 集成门电路的逻辑功能和器件的使用规则。

（2）掌握 CMOS 集成门的逻辑功能的测试方法。

四、实验设备

见表 32-1。

表 32-1　实验设备

序号	名称	型号与规格	数量
1	数电、模电实验箱		1
2	直流稳压电源	+5V	1
3	芯片	CD4011	1

五、实验内容

验证 CMOS 集成逻辑门的逻辑功能。

（1）在合适的位置选取一个 14P 插座，按定位标记插好 CD4011 集成块。

（2）其输入端 A、B 接逻辑开关的输出插口，其输出端 Y 接至逻辑电平显示器输入插口，拨动逻辑电平开关，逐个测试各门的逻辑功能，并记入表 32-2 中。

（3）收拾实验设备，整理实验台。

六、实验注意事项

（1）芯片的 14 管脚接电源，7 管脚接地。

（2）用导线连接前，首先检查导线是否导通良好。

七、实验思考题

（1）复习 CMOS 门电路的工作原理。

（2）熟悉实验用各集成门引脚功能。

（3）画好实验用各门电路的真值表表格。

（4）各 CMOS 门电路闲置输入端如何处理?

八、实验报告

根据实验结果，写出门电路的逻辑表达式，并判断被测电路的功能好坏。

九、实验数据

见表 32-2。

表 32-2　逻辑功能实验数据

输入		输出			
A	B	Y_1	Y_2	Y_3	Y_4
0	0				
0	1				
1	0				
1	1				

实验三十三　移位寄存器及其应用

一、背景知识

在计算机远程数据通信中，发送端需要发送的信息是先送入移位寄存器中，然后由移位寄存器将其逐位移出发送到线路，这个过程称为数据的并入/串出转换。接收端则从线路上逐位接收信息，并将其移入寄存器中，再将完整数据从移位寄存器中取走数据，这个过程称为数据的串入/并出转换。移位寄存器应用很广，可构成移位寄存型计数器、顺序脉冲发生器、串行累加器；还可用作数据转换，即把串行数据转换为并行数据或把并行数据转换为串行数据等。例如累加器是由移位寄存器和全加器组成的一种求和电路，它的功能是将本身寄存的数和另一个输入的数相加，并存放在累加器中。

图 33-1 为累加运算实验电路。该电路由一片双 D 触发器 74LS74、一片双全加器 74LS183 和两片移位寄存器 74LS194 构成。S_1、S_0、$\overline{C}_R$ 用逻辑开关控制，CP 输入单次脉冲源，两个移位寄存器输出用电平指示器观测。通过以下两步实现加法运算：①D 触发器置零：使 74LS74 的 RD 端为低电平，再变为高电平。②送数：令 $\overline{C}_R = S_0 = S_1 = 1$，用并行送

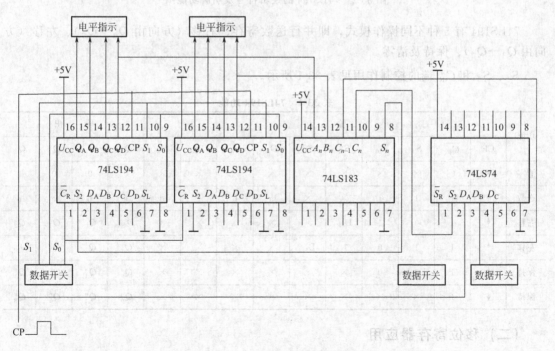

图 33-1　累加运算实验电路

数方法把 3 位加数（$A_2A_1A_0$）和 3 位被加数（$B_2B_1B_0$）分别送入累加和移位寄存器 A 和加数移位寄存器 B 中，然后进行右移，实现加法运算。

二、实验原理

（一）移位寄存器

移位寄存器是一个具有移位功能的寄存器，是指寄存器中所存的代码能够在移位脉冲的作用下依次左移或右移。既能左移又能右移的称为双向移位寄存器，只需要改变左、右移的控制信号便可实现双向移位要求。根据移位寄存器存取信息的方式不同分为串入串出、串入并出、并入串出、并入并出四种形式。

本实验选用的 4 位双向通用移位寄存器，型号为 CC40194 或 74LS194，两者功能相同，可互换使用，其中 74LS194 的逻辑符号及引脚功能图如图 33-2 所示。其中 D_0、D_1、D_2、D_3 为并行输入端；Q_0、Q_1、Q_2、Q_3 为并行输出端；S_R 为右移串行输入端；S_L 为左移串行输入端；S_0、S_1 为操作模式控制端；$\overline{C}_R$ 为直接无条件清零端；CP 为时钟脉冲输入端。

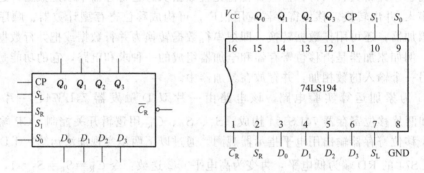

图 33-2　74LS194 的逻辑符号及引脚功能图

74LS194 有 5 种不同操作模式，即并行送数寄存、右移（方向由 $Q_0 \to Q_3$）、左移（方向由 $Q_3 \to Q_0$）、保持及清零。

S_1、S_0 和 $\overline{C}_R$ 端的控制作用见表 33-1 所示。

表 33-1　74LS194 功能

功能	输　入										输　出			
	CP	$\overline{C}_R$	S_1	S_0	S_R	S_L	D_0	D_1	D_2	D_3	Q_0	Q_1	Q_2	Q_3
清零	$\times$	0	$\times$	$\times$	$\times$	$\times$	$\times$	$\times$	$\times$	$\times$	0	0	0	0
送数	$\uparrow$	1	1	1	$\times$	$\times$	a	b	c	d	a	b	c	d
右移	$\uparrow$	1	0	1	D_{SR}	$\times$	$\times$	$\times$	$\times$	$\times$	D_{SR}	Q_0	Q_1	Q_2
左移	$\uparrow$	1	1	0	$\times$	D_{SL}	$\times$	$\times$	$\times$	$\times$	Q_1	Q_2	Q_3	D_{SL}
保持	$\uparrow$	1	0	0	$\times$	$\times$	$\times$	$\times$	$\times$	$\times$	Q_0^n	Q_1^n	Q_2^n	Q_3^n
保持	$\downarrow$	1	$\times$	$\times$	$\times$	$\times$	$\times$	$\times$	$\times$	$\times$	Q_0^n	Q_1^n	Q_2^n	Q_3^n

（二）移位寄存器应用

移位寄存器应用很广，可构成移位寄存器型计数器、串行累加器、顺序脉冲发生器；还可用作数据转换，即把串行数据转换为并行数据或把并行数据转换为串行数据等。本实验研究移位寄存器用作环形计数器和数据的串、并行转换。

1. 环形计数器

把移位寄存器的输出反馈到它的串行输入端，就可以进行循环移位。

2. 实现数据串行、并行转换器

(1) 串行/并行转换器

串行/并行转换器是指串行输入的数码，经转换电路之后，变换成并行输出。

(2) 并行/串行转换器

并行/串行转换器是指并行输入的数码，经转换电路之后，变换成串行输出。

三、实验目的

(1) 掌握中规模 4 位双向移位寄存器逻辑功能及使用方法。

(2) 熟悉移位寄存器的应用，实现数据的串行、并行转换和构成环形计数器。

四、实验设备

见表 33-2。

表 33-2 实验设备

序号	名称	型号与规格	数量
1	直流稳压电源	+5V	1
2	逻辑电平开关	数电、模电实验箱	若干
3	单次脉冲源	数电、模电实验箱	若干
4	逻辑电平显示器	数电、模电实验箱	若干
5	芯片	CC40194×2(或 74LS194)、CC4011(或 74LS00)、CC4068(或 74LS30)	若干

五、实验内容

1. 测试 74LS194 的逻辑功能

按图 33-2 接线，$\overline{C_R}$、S_1、S_0、S_L、S_R、D_0、D_1、D_2、D_3 分别接至逻辑开关；Q_0、Q_1、Q_2、Q_3 接至发光二极管；CP 端接单次脉冲源。按表 33-3 所规定的输入状态，逐项进行测试。

74LS194 逻辑功能测试如下。

(1) 清除：令 $\overline{C_R}=0$，其他输入均为任意态，这时寄存器输出 Q_0、Q_1、Q_2、Q_3 应均为 0。清除后，至 $\overline{C_R}=1$。

(2) 送数：令 $\overline{C_R}=S_1=S_0=1$，送入任意 4 位二进制数，如 $D_0D_1D_2D_3=abcd$，加 CP 脉冲，观察 CP=0、CP 由 1→0、0→1 三种情况下寄存器输出状态的变化，观察寄存输出状态变化是否发生在 CP 脉冲的上升沿。

(3) 右移：清零后，令 $\overline{C_R}=1$，$S_1=0$、$S_0=1$，由右移输入端 S_R 送入二进制数码如 0100，由 CP 端连续加 4 个脉冲，观察输出情况，记入表 33-3。

（4）左移：先清零或预置，再令 $\overline{C_R}=1$，$S_1=1$，$S_0=0$，由左移输入端 SL 送入二进制数码如 1111，连续加四个 CP 脉冲，观察输出端情况，记入表 33-3。

（5）保持：寄存器预置任意 4 位二进制数码 abcd，令 $\overline{C_R}=1$，$S_1=S_0=0$，加 CP 脉冲，观察寄存器输出状态，记入表 33-3。

2. 环形计数器

自拟实验步骤，用并行送数法寄存器预置为某二进制数码（如 0100），然后进行右移循环，观察寄存器输出端状态的变化，记入表 33-4 中。

六、实验注意事项

（1）在连接实验电路前，先检查导线是否正常。

（2）芯片 74LS194 的 16 管脚接 +5V 电源，而 7 管脚接地。

七、实验思考题

（1）查阅 74LS194 逻辑电路，说明各个引脚排列及功能。

（2）在对 74LS194 进行送数后，若要使输出端改成另外的数码，是否一定要使寄存器清零？

八、实验报告

（1）总结移位寄存器的逻辑功能。

（2）画出 4 位环形计数器的状态转换图。

九、实验数据

见表 33-3、表 33-4。

表 33-3　测试 74LS194 的逻辑功能实验数据

清除	模式		时钟	串行		输入				输出				功能总结
C_R	S_1	S_0	CP	S_R	S_L	D_0	D_1	D_2	D_3	Q_0	Q_1	Q_2	Q_3	
0	×	×	×	×	×	×	×	×	×					
1	1	1	↑	×	×	a	b	c	d					
1	0	1	↑	0	×	×	×	×	×					
1	0	1	↑	1	×	×	×	×	×					
1	0	1	↑	0	×	×	×	×	×					
1	0	1	↑	0	×	×	×	×	×					
1	1	0	↑	×	1	×	×	×	×					
1	1	0	↑	×	1	×	×	×	×					
1	1	0	↑	×	×	×	×	×	×					
1	1	0	↑	×	×	×	×	×	×					
1	0	0	↑	×	×	×	×	×	×					

表 33-4 环形计数器实验数据

CP	Q_0	Q_1	Q_2	Q_3
0	0	1	0	0
1				
2				
3				
4				

参 考 文 献

[1] 邵志刚 . 电工与电子技术实验教程 . 哈尔滨：东北林业大学出版社，2008.
[2] 秦曾煌 . 电工学：电工技术（上册）. 第 7 版 . 北京：高等教育出版社，2009.
[3] 秦曾煌 . 电工学：电子技术（下册）. 第 7 版 . 北京：高等教育出版社，2009.